U0011872

要達到健康的體態，除了規律運動外，良好飲食習慣又更為重要！
在現今健身料理正夯的時代，營養食物百百種，但要料理得津津有味可沒那麼簡單！
本書作者提供淺顯易懂的飲食原則及實用的烹飪方法，讓我們用更新穎的方式煮出
營養美味的佳餚，打破大眾認知的「營養健身餐必定不太可口」的迷思！
誠心推薦給沒時間又怕麻煩的健身料理新手！
—— iYA-Inyoung Athletes 運動營養團隊｜知識型網紅

不需斤斤計較卡路里，健身減脂的人餐餐都可以吃得美味健康，搭配規律鍛鍊，
吃貨也可以逐步達成令人稱羨的精實肌肉曲線，一起練起來、吃起來吧！
—— May Liu｜人氣健身女孩

這不只是一本食譜而已，而是告訴你如果想要有良好的體態，
更重要的是你的生活方式。
讓你用更健康且靈活的飲食方式來達到你所夢想的體態。
——江旻諺｜JohnFit 創辦人、Coach Chiang Strength & Conditioning 部落客

我要講實話，如果三餐老是在外，即使有再好的飲食觀念，也很難讓身材達到理想的
樣子！增肌減脂除了運動方式得宜，飲食方法決定了能不能呈現出理想樣貌的關鍵～
這本書教你許多關於飲食與食物的科普知識，烹調方式也簡單省時；不只是幫助你自
己，需要幫家人準備便當與料理的媽媽爸爸們，也可以讓家人一起吃出健康與美麗。
——筋肉媽媽｜健美國手暨體適能證照講師

誰說運動飲食就是水煮餐、無調味、雞胸肉，這般枯燥乏味？
本書推薦給想兼顧美味與健康的朋友，只要懂得選料、正確調味搭配，
無論想增肌、減脂、提升運動表現，一樣可以吃得美味又健康。
——楊承樺｜豐禾健康管理顧問 總運動營養師

The Shredded Chef
健身狂料理全書

120 Recipes for Building Muscle, Getting Lean, and Staying Healthy

增強肌肉、精實身材、
保持健康的科學飲食法與 120 道實用食譜

麥可‧馬修斯（Michael Matthews） 著

韓書妍 譯

積木文化

國家圖書館出版品預行編目 (CIP) 資料

健身狂料理全書：增強肌肉、精實身材、保
持健康的科學飲食法與 120 道實用食譜／
麥可・馬修斯（Michael Matthews）著；
韓書妍譯 . -- 初版 . -- 臺北市：積木文化
出版：家庭傳媒城邦分公司發行 , 2020.07
　　面；　　公分
譯　自：The shredded chef: 120 recipes
for building muscle, getting lean, and
staying healthy, 3rd ed.
ISBN 978-986-459-237-1（平裝）

1. 食譜 2. 減重 3. 健身運動

427.1　　　　　　　　　　109008239

VF0114

健身狂料理全書
增強肌肉、精實身材、
保持健康的科學飲食法與 120 道實用食譜

原 文 書 名　The Shredded Chef: 120 Recipes for
　　　　　　　Building Muscle, Getting Lean, and
　　　　　　　Staying Healthy, 3rd Edition
作　　　者　麥可・馬修斯（Michael Matthews）
譯　　　者　韓書妍

總 編 輯　王秀婷
責 任 編 輯　廖怡茜
版　　　權　徐昉驊
行 銷 業 務　黃明雪

發 行 人　涂玉雲
出　　　版　積木文化
　　　　　　104 台北市民生東路二段 141 號 5 樓
　　　　　　電話：(02) 2500-7696 ｜傳真：(02) 2500-1953
　　　　　　官方部落格：www.cubepress.com.tw
　　　　　　讀者服務信箱：service_cube@hmg.com.tw
發　　　行　英屬蓋曼群島商家庭傳媒股份有限公司城邦分公司
　　　　　　台北市民生東路二段 141 號 11 樓
　　　　　　讀者服務專線：(02)25007718-9 ｜ 24 小時傳真專線：(02)25001990-1
　　　　　　服務時間：週一至週五 09:30-12:00、13:30-17:00
　　　　　　郵撥：19863813 ｜戶名：書虫股份有限公司
　　　　　　網站：城邦讀書花園｜網址：www.cite.com.tw
香 港 發 行 所　城邦（香港）出版集團有限公司
　　　　　　香港灣仔駱克道 193 號東超商業中心 1 樓
　　　　　　電話：+852-25086231 ｜傳真：+852-25789337
　　　　　　電子信箱：hkcite@biznetvigator.com
馬 新 發 行 所　城邦（馬新）出版集團 Cite（M）Sdn Bhd
　　　　　　41, Jalan Radin Anum, Bandar Baru Sri Petaling, 57000 Kuala Lumpur, Malaysia.
　　　　　　電話：(603) 90578822 ｜傳真：(603) 90576622
　　　　　　電子信箱：cite@cite.com.my

美 術 設 計　Pure
製 版 印 刷　中原造像股份有限公司

Authorized translation from the English language edition titles The Shredded Chef: 120 Recipes for Building
Muscle, Getting Lean, and Staying Healthy, published by Oculus Publishers. Copyright © 2016 Oculus Publishers.
The Complex Chinese translation published by arrangement with The Grayhawk Agency, The Cooke Agency
International and Rick Broadhead & Associates Inc.
All rights reserved

2020 年 7 月 9 日　初版一刷
ISBN 978-986-459-237-1
售　價／NT$680
有著作權・侵害必究

承諾

不論你嘗試且失敗多少次各種「飲食法」，無論你可能感到多麼絕望或困惑，有一件事情，是飲食法和減重產業沒有欺騙你的。你絕對可以一邊享用喜愛的食物、運動健身，又能夠增加肌肉、減去脂肪。

　　如果我可以透過把各種枯燥、限制多多的「飲食法」永遠拋開，告訴你如何改善身體組成和健康呢？

　　如果我給你上一堂「速成課」，告訴你減脂增肌是多麼簡單又自然而然的事呢？

　　如果我告訴你，食物的選擇可以非常有彈性，同時又能保持心目中的好身材，而且感覺前所未有的美好呢？

　　而且，如果我保證接下來要教給你的一切，不僅僅是急就章，而是你能真心擁抱接納並持續一輩子的生活方式呢？

　　試想每天早上起床都期待每一餐，還可以毫無罪惡感地享用，因為你非常清楚身體如何運作，以及為何如此運作。

　　試想人們驚訝地看到你「也會吃蛋糕哪！」——那樣的表情！試想他們不解，你何以能夠大啖最近備受推崇的「飲食法大師們」嚴格禁止的食物，而且繼續減肥，還變得更健康。沒錯，我就是在說穀物、澱粉碳水化合物、水果、紅肉，甚至最令人畏懼的分子——糖。

　　這些你全部都可以吃！這些根本遠不如飲食法和營養產業讓你以為的那樣複雜。無論你 21 歲還是 61 歲，無論你身材好不好。無論你是誰，我都保證你可以隨心所欲改變體態，而且不必經驗經其他許多人曾走過的痛苦身心歷程。

　　所以啦，你想要我幫你一把嗎？

　　如果你的答案是「要！」，那麼你已經跨出一大步，邁向目標中更精實健康的自己。

　　翻到下一頁，你的飲食自由之旅立即展開。

關於作者

「金牌是很美好的東西。但是如果沒有金牌你就不滿足，那麼就算有
了金牌也不會足夠。」──電影《癲瘋總動員》，厄文

我是麥可，我深信每個人都能達到他或她心目中的體態。我非常努力，透過提供可行的、建立在科學基礎上已證實的建議，給予大家這個機會。

我已經健身超過十年，嘗試過你能想像到的各種健身課表、飲食法以及補給品。

雖然我不是無所不知，不過我很清楚什麼可行，什麼不可行。

和大部分的人一樣，剛開始的時候我一無所知。我求助於雜誌，結果每天在健身房花費兩、三個小時，每個月浪費好幾百塊美金在無用的補給品上，結果當然也並不出色令人驚艷。

就這樣持續了好多年，我換過一個又一個健身課表。我嘗試各種流派和日常課表，各種練習、重複次數多寡，還有其他組合，雖然這段時間我開始有些進步（持續做很難不進步的嘛），但是卻非常緩慢，而且最後我還停滯不前卡關了。

我的體重卡關超過一年，而且我的力量也沒有進展。除了要吃的「乾淨」和攝取大量蛋白質，我實在不知道該拿我的飲食怎麼辦。

我找了多位教練尋求指導，但是他們要我做的都是千篇一律。我太喜歡健身，不可能放棄，可是我不愛自己的體態，我不知道究竟哪裡做錯了。

該放聰明點了

最後我決定，該是學習的時候了──丟掉那些雜誌，不要再上論壇，研究真正的肌肉生長和減脂的生理學，了解打造充滿肌肉、精實強壯的身體究竟需要什麼。

我尋求頂尖健力和健美教練的研究，和自然健美者聊健身真相，閱讀數以百計的科學論文。清晰的圖像逐漸浮現。

得到完美好身材的真正科學非常單純──遠比健康健身和營養品產業希望我們以為的更單純。那和我們在電視上聽到、在雜誌中讀到和健身房中見到的全然相反。

由於這些學習到的事物，我完全改變訓練和吃的方法，我的身體也以不可思議的方式回應了我。我的力量一飛沖天，多年來肌肉再度開始生長，精力程度簡直破表。

我的職業誕生了

這一路上，朋友們注意到我的身體的進步，開始向我尋求意見。我成了他們的非正式教練。

我幫「增肌不易者」，一年之內為他們增加了 15 公斤。我幫因為瘦不下來而氣餒的人，幫他們甩去 15 公斤，同時還增加可觀的肌肉量。我幫五十多歲的人，他們認為自己的荷爾蒙已經過低不可能完成任何練習，幫助他們在體脂肪和肌肉線條方面年輕了二十歲。

這些事情做了許多年後，朋友們開始鼓勵我寫一本書。起初我立刻打消念頭，但是這個念頭逐漸萌生。

我可以幫助人免除花費無數金錢、時間和感到氣餒，而且我在多年前就能夠達到理想的體態了。我很享受以我的所學幫助人們。如果我能寫書，幫助數千、甚至數萬人呢？

這個念頭讓我興奮起來。

我衝動行事，結果就是 2012 年問世的第一版《更大、更精實、更強壯》（*Bigger Leaner Stronger*）。起初銷售得很慢，但是一兩個月後，我開始收到電子郵件，內容滿是讀者的讚揚。

我太震驚了，於是立刻著手進行下一本書，以及更多本書的架構。

這是我規律舉重六年後的照片。很不怎麼樣吧。必須做些改變了。

這是我的身體後來的變化。大不相同吧。

現在我已經出版數本書，銷售超過五十萬本。不過更重要的是，每天我都會收到讀者寄來的電子郵件和社群網站訊息，他們簡直不敢相信眼前的結果。他們就和多年前的我一樣震驚，發現打造精實健康的肌肉和減脂是多麼簡單的事——再也不用餓肚子或感覺很委屈。

看到我對人們生活的影響，令我充滿動力，讀者和追蹤者的決心也大大激勵了我。你們這些男生女生真是太帥了。

接下來呢？

做研究和寫作是我的真愛，所以我永遠在著手進行下一本書、我的網站（www.muscleforlife.com），還有任何踏進我人生的文字冒險。

我的邪惡偉大計畫有三個主要目標：

1. 幫助數以百萬計的人變得精實健康。

   「幫助數以百萬計的人」聽起來就很迷人，你不覺得嗎？這個目標很大，但是我認為我可以達成。而且這不只是幫助人們看起來很正點——我想要降低關於人們整體外觀心理健康方面令人擔憂的負面趨勢。

2. 領導對抗大佬們流傳下來的祕技，以及其他健身經驗祕技。

   很不幸地，健身產業充滿白痴、騙子和自吹自播的傢伙，利用人們的恐懼和不安全感。我想要為此做些什麼。事實上，我希望成為人人皆知的專家，提供建基於真正科學和成果上的實際、簡單明瞭的建議。

3. 幫助重整運動補給品產業。

   功能不實的藥丸和粉類補給品的推銷員，是我在這個產業中最瞧不起的人。這些騙局數不勝數，例如使用聽起來很高級但事實上毫無價值的成分，充滿垃圾填充物如麥芽糊精甚至麵粉和木屑（真的，相信我）的減脂產品，利用偽科學和荒謬的行銷話術販售，降低重要成分並且改以「專利成分」標示矇混過去，贊助使用睪固酮的選手藉此假裝他們的產品就是選手成績的祕方，還有更多呢。

我寫這本書是為了幫助達到以上這些目標，而我也希望你能讀得愉快，享受其中。

對於你即將知曉的內容，我非常有自信，你也可以戲劇性地改變體態，而且根本不覺得自己又在「節食」了。

那麼，你準備好了嗎？太好了，我們開始吧！

健身狂料理有何不同？

———

「保持健康的唯一法則，就是吃你不想吃的、喝你不想喝的東西，並且做你寧願不要做的事。」──馬克·吐溫

或許你已經聽過無數次，你「必須」怎麼吃，健身才會得到可見的好成果。

你想舉多重都可以，不過除非你供給肌肉正確類型和份量的營養素使之修復，否則肌肉是不會成長的。吃太少的話，你絕對不會明顯體型變大或變得更強壯。

你可以每個禮拜在跑步機上消耗無數卡路里，並且吃得「乾淨」到實驗室都認可，不過如果你不知道如何維持熱量赤字，你就不可能變得精實並且維持之。如果你每天只是多吃幾百大卡，就會體驗到經常和「節食中」（飲食限制、飢餓感、渴求食物感）有關的所有不愉快的感覺，但是得不到和這種不愉快對等的成果。

你或許注意到，比起食物的品質，我對於食物的「份量」更有興趣。我說的不是食物「類型」，而是「份量」。

這是因為談到身體組成時，比起吃多少，吃「什麼」根本不為足道。

也就是說，這本書不僅僅是「計算卡路里」，因為在許多方面而言，計算卡路里是行不通的。

你必須了解比「吃進這麼多熱量」更多的事物，才能在身體組成和健康方面，得到正面、永續且長期的改變。

不過只要你做對了，事情便會各就各位，你就能完全掌握體重、肌肉量、體脂肪含量，而且甚至在某種程度上，還能掌握精力和心情。

正如你很快就會讀到的，一世紀以來的巨量元素研究完全顯示了減肥和遠離肥胖該吃的食物，這些和低碳飲食或避免糖或麩質或任何其他代罪羔羊的食物一點關係也沒有。

最棒的好消息就是，你既能享用各式各樣喜愛的食物，又能擁有夢寐以求的身材。而這正是《健身狂料理全書》要告訴你的。

如果你依循這本書的建議，就會發現增肌或減脂的「飲食法」不僅簡單，而且還能享受其中。而且你不只達成短期成果，還能輕鬆舒適地長久維持精實的肌肉身材。

一旦開始實踐你在本書中學到的事物，很快其他人就會注意到差異了。他們會說你好「幸運」，可以「隨心所欲地吃」，包括高碳食物，甚至罪惡的甜食。他們會驚訝於你並沒有故態復萌，反而證明了「健康飲食」完全不像人們想像的那般痛苦又枯燥。

　　所以啦，你會發現這遠不只是一本食譜書。

　　當然啦，書中還是會提供你許多均衡營養的餐點，料理起來非常容易，而且不需要高級烹飪技巧，或是昂貴的進口食材，不過帶給你的成果可是非常可觀的呢。

　　這本書將教你如何以拉丁民族的感覺——「生活方式」——打造飲食習慣，而且再也不會受到人們以「飲食法」為名行集體自虐之實的誘惑。

目　錄

承諾 5

關於作者 6

健身狂料理有何不同？ 9

飲食＆營養 13

料理 45

　　早餐 63

　　沙拉 87

　　三明治和湯 105

　　果昔和點心 127

　　瘦肉 143

　　禽肉 171

　　海鮮 201

　　蔬食 219

　　配菜 231

　　甜點 249

從此，你的身體將會改變 265

額外資訊 273

飲食
＆
營養

「唯一飲食法」大騙局

「你可以擁有成果或藉口，但不可能兩者兼有」——阿諾·史瓦辛格

如果你過度信奉主流飲食潮流，那你大概很完蛋。

也許你認可石器時代飲食法，深信吃的和穴居人一樣就是未來趨勢。或者也許你認為碳水化合物就是代罪羔羊，認定它就是減重痛苦的根源，判定自己適合生酮飲食法。或者更慘，或許你深陷騙局泥沼，像是「排毒」、「疏通荷爾蒙」、「生物駭客」之流。

你可以花費幾個月這樣搞，換過一個又一個飲食教條，但是在健身房和鏡子前面卻沒什麼進展。而且，如果你和大多數人一樣，牙一咬，繼續吃苦進行找到「唯一飲食法」的任務，以為這樣就可以擁有一直嚮往的體態。

問題就在這裡：沒有什麼「唯一的飲食法」。減肥甩肉「沒有捷徑」。沒有什麼「減重食物」或「增肌駭客法」。

「飲食法的真相」反而相當無聊，沒有噱頭可以銷售數百萬本書籍和數百萬補給品。但是真相擁有一點：可行性。無庸置疑。絕對如此。

真相是什麼？

這個嘛，真相有好幾個部分，或是好幾個層次，可以將之看成一座金字塔，重要性從下至上排列，如圖：

看看每一層的細節。

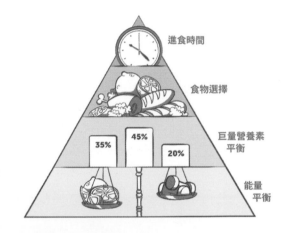

能量平衡

能量平衡位在底部，因為這是飲食法的基礎大原則，比任何事物都更能主宰你的體重得失。

那麼，能量平衡是什麼？

能量平衡就是你供給身體的能量和你支出的能量。或許你知道，這個通常稱做熱量。

經科學證實，讓出版業者和電視節目製作人毫不興奮的事實，整體概要就是，有意義的減重必需讓能量支出大於進食能量，有意義的增重（脂肪和肌肉皆然）則相反：進食量要大於能量支出。

如果你正在搖頭，我想你一定垃圾飲料喝太多。回答我這個就好：

為什麼過去一百年間，每一個嚴格監控進行的減重研究，包括數不清的元分析和系統綜述，結論都是有意義的減重中，能量支出必須大於能量收入？

為什麼古早的健美選手，從山道（Sandow）到里夫斯（Reeves），還有其他所有一路上的選手們，都使用這項知識，有計畫並例行地減少和增加體脂肪含量？

為什麼每年都有許多新的「否定熱量」風潮來來去去，無法在減重文獻中留名？

重要的是，一世紀以來的巨量元素研究已經無庸置疑地證實，依照熱力學第一法則，能量平衡就是調節脂肪儲存和消減的機制[1]。

巨量營養素平衡

飲食金字塔往上一層是巨量營養素。如果這個名詞顯得陌生，字典中定義的「巨量營養素」為「相對需要大量攝取的任何營養元素，如蛋白質、碳水化合物、脂肪，以及鈣、鋅、鐵、鎂、磷等礦物質」。

你也許聽過「熱量就是熱量」，雖然在純然的能量平衡和增減體重方面是不錯，但是談到身體組成的時候，就是另一回事了。

不相信嗎？

馬克・浩柏（Mark Haub）教授靠乳清蛋白奶昔、奶油夾心蛋糕（Twinkie）、多力多滋玉米片、奧利奧餅乾，還有小黛比（Little Debbie）的零食，瘦下 27 磅，如果你想要的話，完全可以比照他的方法（但是你不該這麼做，我們很快就會談到

這一點）[2]。

因為我們要的不只是增加和減少體重。

我們的目標更明確：希望增加更多肌肉而非脂肪；而且我們希望減去脂肪，而非肌肉。有了這些目標，就不能只看熱量，也要關注攝入的巨量營養素。

如果你不只想要「減重」並了解如何優化身體組成，「蛋白質」就是你最需要注意的巨量營養素。

我該吃多少蛋白質？

蛋白質是建構身體的基礎，用來打造肌肉、肌腱、器官和皮膚等組織，並形成許許多多維持生命的重要分子，如荷爾蒙、酶、與多種腦內化學物質。

蛋白質由較小的分子構成，稱為胺基酸，連結成長長的鏈狀，可以塑造成不同形狀。

我們的身體可以製造十二種所需的胺基酸以形成蛋白質分子，但是另外九種胺基酸則必須從所吃的食物中攝取。前者稱為非必需胺基酸，後者則稱為必需胺基酸。

你每天吃下的蛋白質會決定身體是否攝取足夠的必需胺基酸，不過吃進的蛋白質品質也同樣重要。

肉類、魚、蛋和乳製品等動物性蛋白質在運動員之間特別受歡迎，因為它們的必需胺基酸含量高但均衡，不過部分植物性蛋白質如米和豌豆蛋白質的品質也同樣優異。

一般而言，最好攝取動物性蛋白質，不過只要多點飲食安排的創意，蛋奶素和純素食者也能攝取富含胺基酸的蛋白質，以打造肌肉和力量。

好，就算你的碳水化合物和脂肪攝取都

亂七八糟，也不致於造成太大的威脅，不過蛋白質攝取不足對我們健身一族而言可是大罪。

為了減肥限制熱量攝取，因而吃入過少蛋白質，你也會流失可觀的肌肉量。[3]

而且另一方面，如果吃入多餘熱量想要藉此最大化肌肉生長，同時蛋白質攝取不足，反而不能打造足夠的肌肉。[4]

這就是為什麼「增肌」（bulking）聲名狼籍。如果做得不正確，增加的脂肪遠比肌肉多，而且長遠來看根本適得其反。

你要問了，什麼叫做蛋白質不足？

我可以寫一整章只談這個主題，不過對於規律運動的人，簡而言之如下：

- 如果你算精實，而且不打算進行減脂飲食，每日攝取量是一公斤體重的 1.8 至 2.2 公克蛋白質。
- 如果你算精實，而且正在進行減脂飲食法，那就應該將每日蛋白質攝取量稍微提高至體重的 1 至 1.2 倍公克（研究顯示，越精實的人，以熱量赤字法減脂時，身體會需要更多蛋白質才能保留肌肉）。[5]
- 如果你身材肥胖（男性體脂肪為 25% 以上，女性 35% 以上），你的每日蛋白質攝取量應設定在每公斤肌肉重量為 2.2 至 2.6 公克。

「等一下！」你可能想著：「『高蛋白』飲食不是不健康嗎？」

這個嘛，反對高蛋白飲食最常見的主張，就是可能傷害腎臟，增加癌症和骨質疏鬆的風險，但是這些主張並沒有任何科學研究支持。

研究顯示，腎臟已有損害或功能不全者，應該限制蛋白質攝取量，但是高蛋白飲食並不會造成腎臟損害。[6]

諷刺的是，高蛋白飲食已顯示可降低血壓（尤其是植物性蛋白質），並在糖尿病人身上可見到血糖控制改善。[7]

這些都能降低腎臟疾病的風險，而非提高風險。

高蛋白飲食會增加骨質疏鬆風險的主張更奇怪了，因為研究顯示高蛋白飲食反而能夠預防骨質疏鬆呢。[8]

那麼關於高蛋白飲食會增加癌症風險，規律吃肉和乳酪就和抽菸一樣不健康，這類令人不安的主張呢？

雖然這些危言聳聽的言論可以大大增加網站觸及率，卻是全然誤導、毫無科學根據的。

此處節錄史賓賽·那多斯基（Spencer Dadolsky）博士在 Examine.com 上的一段文章：

「說吃蛋白質就和抽菸一樣不健康的話，根本是危言聳聽……

「關於這個主題，較適當的標題應為〈高蛋白飲食對於年屆 50 至 65 歲、且飲食與生活習慣不健康者，可能與增加癌症風險有關。〉」

我們稍後會在本書中討論更多吃肉和健康的話題，不過概要如下：

如果你有運動習慣，高蛋白飲食無疑會幫助你改善健康、身體組成，還有運動表現。[9]

雖然久坐族不像規律運動者需要這麼多蛋白質，研究顯示目前的參考膳食攝取量

（Recommended Daily Intake，RDI）一公斤體重吃 1.8 公克的蛋白質不足以維持肌肉量和骨質健康，並且隨著年齡增長，無從避免肌肉流失和骨質疏鬆。[10]

我該吃多少碳水化合物？

低碳飲食法近年來風行所有減重法，但是一如絕大多數飲食法潮流，其實根本名不符實。

市面上約有 20 份報告，是低碳擁護者的刻意渲染低碳飲食法對減重的益處之決定性證明。

如果只是概略讀過這些報告，低碳飲食法絕對顯得更有效，而且大多數低碳擁護者的信仰就是建立在這類花言巧語的「研究」上。

不過許多這些報告有個大問題，問題正和蛋白質攝取量有關。

問題在於，這些報告中的低碳飲食法總是比低脂飲食法含有更多蛋白質。

沒錯，一個蘿蔔……永遠有一個對應的坑。

我們在這些報告中讀到的，其實是高蛋白低碳飲食法對低蛋白高油脂飲食法，當然前者每戰必勝。

但是我們不能忽視飲食中高蛋白的部分，然後宣稱一切都是因為低碳所以更有效。

事實上，設計和執行較完善的報告的證實正好相反：蛋白質攝取量高時，低碳飲食法對於減重並沒有特別的益處。

那麼，何以蛋白質攝取量如此重要？

如你所知，因為如果以飲食法減重時，吃進的蛋白質不足就會流失不少肌肉。[11]

這點會在減重上多方阻礙你：

1. 會減緩你的新陳代謝。[12]
2. 在你健身時，減少所消耗的熱量。[13]
3. 減少醣類和脂質的新陳代謝。[14]

這就是為什麼減肥的時候，首要目標就是**保留去脂體重**。

現在讓我們把注意力拉回到稍早提及的「低碳飲食法對減重較有效」。

許多案例中，這些試驗的低脂組得到的蛋白質總是低於每日建議攝取量，任何營養師或私人教練都會告訴你，這樣減重不適當而且徒勞無功。

事實上，研究顯示即使增加蛋白質攝取量到雙倍，甚至三倍，都不足以在熱量限制期間防止肌肉流失。[15]

那麼，保持高蛋白、比較高碳和低碳會發生什麼事呢？有任何研究顯示結果嗎？

有呀。

就我所知，有四份報告符合這些標準，而且我的媽呀，快看：蛋白質攝取量高，但是碳水化合物攝取量高低不一時，對於減重沒有特別顯著的差異。[16]

基本上就是，只要你吃進的熱量少於燃燒的熱量，而且持續攝取高蛋白質，就能將減脂的效果最大化，並且將肌肉流失的情形（如果無法避免的話）最小化。

而且低碳飲食本身對你的減脂並沒有太大的幫助。

我該吃多少脂肪？

飲食中的脂肪在人體中扮演重要角色，因為許多生理機制都需要脂肪，像是維持細胞、製造荷爾蒙、胰島素敏感性，還有其他更多。

如果攝取的膳食脂肪過低，可能會危及這些功能，這也是為何美國醫學學會（Institute of Medecine）建議成人每日熱量的 25 至 35% 需來自膳食脂肪。[17]

也就是說，這些百分比數字是以一般久坐族群計算出來的，他們通常吃的較規律運動者少，尤其是肌肉量大的運動族群。

例如體重 86 公斤、擁有正常肌肉量的久坐男性，一天會燃燒 2000 大卡。以此為基準，醫學學會的報告表示，這位男性每日需要 45 至 80 公克的脂肪。這點非常合理。

我的身高 188 公分，體重 87 公斤，每週會舉重 4 至 6 小時。我比一般相同身高體重的男性多了 18 公斤肌肉。因此，我的身體會比「普通」久坐族群男性燃燒更多熱量——精確來說，每天大約多了 1000 大卡。

現在，如果我盲目按照醫學學會的建議，我的建議脂肪攝取量就會飆升至每日 65 至 115 公克。但是只因為我肌肉多，透過規律運動燃燒更多能量，就代表我的身體真的需要更多膳食脂肪嗎？

不，並非如此。

基於我讀過的營養學研究，一磅無脂肪組織（人體內所有非脂肪的部分）攝取 0.3 公克膳食脂肪，這就是你的身體維持基本健康所需的份量。

這表示約為 25 至 35% 的基礎代謝率（很快就會提到這點），比起美國醫學學會的研究精準多了。

這些就是巨量營養素平衡的部分。讓我們繼續往金字塔上爬吧。

食物選擇

近年來，「吃得乾淨」儼然變成新興宗教。

雖然我非常支持吃營養（「乾淨」）的食物以提供身體重要的維他命和礦物質，但是不代表只吃這些食物就保證能夠增肌或減脂。

你或許是全世界吃得最乾淨的人，但仍然虛弱，而且還是「泡芙人」。

關於這點，原因就是提到身體組成時，吃下多少遠比吃什麼更重要。

主張某種食物在增加或減少體重方面「優於」另一種食物根本就是誤導，因為這是見樹不見林。

食物本身並沒有任何特質，使它們對於增減體重更有效。

不過，食物擁有的是含量不一的潛在能量——以熱量來計算——以及不同的巨量營養素含量。

這兩大要素——食物中的熱量，以及熱量如何分解成蛋白質、碳水化合物與脂肪——才是讓某些食物比其他食物「更適合」增加或減少體重的原因。

一如浩柏教授稍早表示的，以及那些「如果符合巨量營養素」群眾講個不停的，只要管理熱量攝取，維持能量負平衡，隨便吃什麼都能減肥。

不過部分食物確實讓增減體重更容易或更困難，這是由於它們的體積、熱量密度，以及巨量營養素分解。

一般而言，「有益」於減重的食物，相

對來說熱量較低但體積較大（因此具有飽足感）。[18]

舉例而言，這些食物像是瘦肉、全穀食物、許多蔬果，還有低脂乳製品。這類食物也能提供豐富的巨量營養素，在熱量限制時這點尤其重要。

如果你在熱量限制飲食期間吃太多垃圾食物，可能會導致維他命和礦物質不足。

導致體重增加的食物則相反：高熱量且低體積，而且很膩口。

這些食物包括高熱量飲品（汽水、酒精飲料、果汁）、糖果，還有其他含糖食品。

然而，少數「健康」食物也落在此分類中，例如油、培根、奶油、低纖維水果、全脂乳製品。餐點安排中，越多高熱量密度、低飽足感食物，我們就越容易感到飢餓，不小心進食過量。

這樣想吧：每天你只「吃得起」這麼多熱量，無論是想要減脂或增肌，你都必須小心「花費」這些熱量。

減脂飲食中，你要把主要熱量花費在能夠達到每日主要和微量營養素需求上，不可「透支」能量平衡的「戶頭」（我知道，這些金融比喻讓我很興奮，但是請耐心看下去）。

增肌飲食時，你每天必須多花費一些熱量。因此要達到巨量和微量營養素的目標容易多了，還有多餘的熱量可以花費在任何你想吃的東西上。

別誤以為這個章節是我在鼓吹反對健康的食物。我並不是那種「吃垃圾食物也能變精實」的粉絲、也不想試圖證明這點。長期的健康遠比靠每週吃一盒果漿吐司餅乾（Pop Tart）變得超級精瘦更重要。

這是我的經驗法則：試著用 80-20 分別法。

如果你的主要（~80%）熱量來源為未加工、營養密度高的食物，那麼剩下的 20% 熱量就可以隨心所欲地吃你最愛的罪惡食物，還能變得健康、充滿肌肉又精實。

進食時間

金字塔的最後，也是最不重要的一層，就是進食的時間。

此處簡化的版本就是，你多常進食和何時進食其實無所謂。

增加進食頻率並不能提高新陳代謝。[19] 晚上吃碳水化合物也不會讓你變胖[20]。「健身後的合成代謝窗口期」其實也並非全然事實。[21]

人體的奇妙之一，就是能夠神奇地適應我們對身體的需求。只要你正確實行金字塔的其他部分——適當的能量平衡、良好的巨量營養素分解，並且聰明選擇食物——在金字塔的頂端你很有餘裕隨心所欲。

你可以一天吃三餐或十三餐。你可以從早餐、晚餐或是健身後吃 80% 的碳水化合物。健身後沒有時鐘倒數，並不會在喝下乳清奶昔之前逐漸流失你辛苦的成果。

結語

如果你努力尋求一套真正有效的飲食法，讓你不至於淪為莫名其妙的規則與限制的奴隸，能夠開心享受生活而非成為磨難，那你現在知道方法了。

學習如何掌握能量平衡，維持攝取高蛋白，調整碳水化合物和脂肪，達到需求與優先順序，吃各式各樣的營養食物，「補充」少許放縱的食物，按照你喜歡的時間吃飯，你就再也回不去了。

章節提要

- 一世紀以來的巨量元素研究已經無庸置疑地證實，依照熱力學第一法則，能量平衡就是調節脂肪儲存和消減的機制

- 為了減肥限制熱量攝取，因而吃入過少蛋白質，你也會流失可觀的肌肉量。

- 而且另一方面，如果吃入多餘熱量想要藉此最大化肌肉生長，同時蛋白質攝取不足，反而不能打造足夠的肌肉。

- 如果你算精實，而且不打算進行減脂飲食，每日蛋白質量為一公斤體重吃 1.8 至 2.2 公克蛋白質。

- 如果你算精實，而且正在進行減脂飲食法，那就應該將每日蛋白質攝取量稍微提高至體重的 2.2 至 2.6 倍公克。

- 如果你過重或肥胖，每日蛋白質攝取量應設定在每公斤肌肉重量為 2.2 至 2.6 公克。

- 只要維持適度熱量赤字，保持攝取高蛋白質，就能將減肥效果最大化，同時盡可能維持肌肉量。低碳水飲食並不能幫助你減去更多脂肪。

- 食物本身並沒有任何特質，使它們對於增減體重更有效。

- 一般而言，「有益」於減重的食物，相對來說熱量較低但體積較大。

- 導致體重增加的食物則相反：高熱量且小體積，還很膩口。這些食物包括高熱量飲品（汽水、酒精飲料、果汁）、糖果，還有其他含糖食品。然而，少數「健康」食物也落在此分類中，例如油、培根、奶油、低纖維水果、全脂乳製品。

- 你可以一天吃三餐或十三餐。你可以在早餐、晚餐或健身後吃80%的碳水化合物。健身後沒有時鐘倒數，你並不會在喝下乳清奶昔之前逐漸流你辛苦的成果。

- 證明顯示健身後吃蛋白質，就長期而言有助於肌肉生長。

如何以彈性飲食法獲得
夢寐以求的身材？

「小小的勝利好比自尊的零錢。」──佛羅倫斯‧金（Florence King）

如果你對飲食法的念頭心生恐懼，我很了解。絕大多數的飲食法與其說是自我進步，其實更像刑罰。

大部分的飲食法「大師」與其教育你新陳代謝如何運作，給予工具讓你能夠有效運用，他們反而藉此訴諸恐懼和飲食限制。

他們說，如果你想要減肥或是打造「精實的肌肉」，大概就要和所有你心愛的食物吻別了。

穀類、任何含麩質或糖的食物、高升糖碳水化合物、紅肉、加工食品、水果、乳製品、含熱量飲品、水果雜糧燕麥片（granola），全部都要說掰掰。

所有的玩具，全部燒光吧。

如果我說，你可以改變身材，同時又能吃真正喜歡的食物，而且是每一天、一週七天都可以吃呢？

如果你是以許多充滿彈性的飲食指引法增加肌肉、減去脂肪，而非餓肚子、剝奪樂趣呢？

而且如果我向你保證，從此你將打破大多數人在進行飲食法時會產生的限制和焦慮，並從而愛上飲食法呢？

聽起來簡直美好的不像真的，對吧？根本就是胡說八道？

我知道。我也曾經有一樣的想法。不過現在我了解事實，在這一章，我將要一一向你解說。

為什麼彈性飲食法不是「節食」？

哪種「節食法」竟然對於你吃下的食物較不嚴格？每天吃一大堆碳水化合物怎麼可能減肥？哪個神智清醒又自重的「節食者」膽敢吃下甜食？

這些問題都表現出對於彈性飲食法的常見批評。他們也表示這種飲食法常被認為是「反節食」。

許多爭議源自彈性飲食法針對不同的人而各自有別。這就像超能力，可以行善也能作惡。

因此為了把話說徹底，讓我們先來聊聊彈性飲食法的大致架構吧。說穿了如下：

1. 進食多寡遠比吃下什麼更重要。
2. 應該要以個人偏好、目標與生活方式量身打造每日的食物選擇
3. 原諒飲食上的小失誤。「保持冷靜，繼續前行。」

4. 能夠長期實施，才是維持進步的關鍵。

基本上，彈性飲食法就是將身體所需的基本能量和營養素，轉變成你真正享受的飲食制度。

因此不應該剝奪你所愛的食物。

因此應該想吃的時候就吃。

因此應該將飲食法視爲生活方式，而非「速成法」。

因此接受食物出錯，冷靜地回到軌道上。

這些就是彈性飲食法的戒律。而且由於有效，這個方法已經越來越受歡迎了。

現在一切聽起來都很符合理論，不過你或許猜想，實踐起來到底會怎麼樣。讓我們來瞧瞧。

如何實行彈性飲食法

讓我們來看看上面每一點，以便更加了解，讓彈性飲食法行得通。

進食多寡遠比吃下什麼更重要

如你所知，「吃得乾淨的人」立意是好的，但是他們的飲食哲學並不適合減肥或增肌。

當然啦，吃下許多營養豐富的食物對整體健康和長壽是很重要的，可是你也知道，沒有任何食物會直接導致減重或增重。[1]

糖並不是你的敵人，「優質油脂」也不是你的救星。

明白這些「令人震驚」的陳述，就是明白「能量平衡」的概念，也就是你在上一章讀到的。

「能量負平衡」或「熱量赤字」的結果就是減重；「能量正平衡」或「熱量過多」，則會造成增重。

因此，在這方面，熱量就是熱量。

吃太多全世界「最乾淨」的食物——我就是在說你們，酪梨和吐司——你還是會變重。

應該要以個人偏好、目標與生活方式量身打造每日的食物選擇

你應該吃喜愛的食物。每一餐。每一天。一輩子都該如此。

不，你沒有看錯。

不，我說的不只是從一般認為「健康」的食物中做選擇，像是水果、蔬菜、堅果和種子。

如果你想要盡量健康、長命百歲，而且整體身心愉快，那你確實應該從這類食物中攝取熱量。這點確實如此。

但是一旦你這麼做，你同時也「獲取」吃經常被妖魔化成「不健康」的食物的權利，像是披薩、義大利麵、冰淇淋、穀類、貝果，還有薯條。

我的「每日放縱」範圍從冰淇淋、巧克力、馬芬、淋滿糖漿的鬆餅到餅乾。完全取決於我當下想吃什麼，以及我「負擔得起」多少熱量。

無論你的身材目標是什麼，這點都全然適用。

你可以靠彈性飲食法，吃我上面提到的食物，依舊很精瘦、充滿肌肉又健康。

而且這可不是理論，是經驗談。我就是靠我宣導的一切保持體態和體能：

◆ 和本章提到的完全一致的彈性飲食。

- 每週舉重 4 至 6 小時。
- 每週一次高強度間歇運動。
- 聰明使用補給品。

就這樣。

每天我都吃好幾份水果、蔬菜，還有優質蛋白質，以及「應該」會讓我變肥又不健康的食物，像是穀類、乳製品和糖。

關鍵就在於平衡。攝取營養豐富的食物多於不營養的食物，並且規律運動（必須強調的是阻力訓練），你就成功在望。

原諒飲食上的小失誤，「保持冷靜，繼續前行」

限制極高、熱量極低的飲食法會導致渴望感。渴望感會導致「作弊」。作弊會導致大吃大喝。大吃大喝會導致放棄飲食法。

聽起來很耳熟嗎？正是如此。這就是主流飲食法容易失敗之處，而數百萬人每年因此垮掉。

就我所知，彈性飲食法是打破這個循環最有效的方法。

如果你吃喜歡的食物，攝取平衡的巨量營養素，僅稍微限制熱量，就會出現飲食「魔法」。

心理負擔幾乎完全消失，而你再也不必和胃裡吵著要更多食物的惡魔拉鋸戰。

減重變得很容易，甚至令人享受。

話雖如此，並不代表你絕對不會失足。可能某天你會比平常還餓，於是就吃了更多。舉例來說，在社交場合或你在工作上度過充滿壓力的一周時，很容易就進食過量。

所以你就吃了幾勺冰淇淋，一下子就折損半數你的熱量赤字了。這有什麼大不了？

因此你乾脆更進一步，好幾天都吃超量，讓自己處在熱量稍微多餘的地步，因而稍微變胖了。

你拖延自己的進度多久？幾天？甚至一個禮拜？

誰在乎呢？保持冷靜，繼續前行。

即使是在限制較寬鬆的週末大吃大喝，不表示你變胖的比自己想像的多。

再者，你頂多只有一兩個禮拜的「傷害」要彌補。

沒關係的。不需要自暴自棄或充滿罪惡感。

取而代之地，我建議為一些小失敗先做好計畫，這樣你不小心吃過頭的時候，就不必擔心受怕了。

能夠長期實施，才是維持進步的關鍵

「能夠堅持下去的，才是最好的飲食法」。

這是老生常談，但卻非常真實。它抓住了成功飲食法的精髓：能夠好好地、長久地堅持計畫，達成並維持你想要的結果。

注意我強調你能「維持」的永續成果。

這才是這真正的目標。不是用速成飲食法快速減重，當你再也受不了的時候，反彈回之前的自己……或是更糟。

彈性飲食法以直接無痛的方式幫助你達到身體組成的目標。而且也充滿「彈性」，幾乎能適應各種生活方式，成為長期的習慣，而非「速成法」。

著手進行彈性飲食法

好，（希望）我已經說服你嘗試彈性飲食法，現在我們先來個開頭。

首先有幾條大規則：

每日主要（80%）熱量來源為相對未加工、營養豐富的食物

我知道我一直在重複同樣的話，但這是為了你好。

可以吃一大堆垃圾食物「符合巨量營養素」，不代表你**應該**這麼做。記住，你的身體需要適合的纖維和各式各樣的維他命和礦物質，才能良好運作。很抱歉，冰淇淋、彩色水果穀片（Fruity Pebbles）和布朗尼並不能幫你達到這一點。

以下是我常吃、營養密度高又美味的食物：

深色葉菜（主要是羽衣甘藍和菠菜）、甜椒、球芽甘藍、蘑菇、洋蔥、番茄、馬鈴薯、地瓜、莓果、全麥食物、乳酪、優格、蛋、豆類（黑豆和墨西哥花豆）、胡桃、杏仁、燕麥、米（白米和糙米）、瘦牛肉、雞肉和火雞肉。

如果我希望更多種類，名單還可以無止盡地繼續下去。你的名單可能完全不一樣。但是你懂我的意思就好。

依照你的喜好和生活方式的時間進食

複習一下，你進食的時間無所謂。

只要你正確掌握能量和巨量營養素的平衡，進食的時間和頻率並不會幫助或拖累你的成果。

不過，如果你很認真舉重、增加肌肉量，你應該知道在阻力訓練之前和之後吃蛋白質與碳水化合物可幫助更快打造肌肉。[2]

因此，如果你定期舉重，我非常建議你在健身前後各吃 30 到 40 公克的蛋白質。

至於碳水化合物的攝取，健身前吃 30 至 50 公克可以有效提升運動表現，健身後的攝取量為 1 公斤體重吃 1 公克碳水化合物就足夠了。

如何打造你的彈性飲食法計畫

到了現在，我相信你開始明白彈性飲食法的真正美好之處了，這將會是你前所未有、最簡單的飲食計畫。

我們將之解構城兩個目標：減脂和增肌。

減脂的彈性飲食法

如你所知，減脂的關鍵在於不斷保持熱量赤字。因此第一步就是搞清楚你該吃下多少熱量。

身體需要一定份量的能量才能維持生存。體內每一個細胞都需要穩定的燃料來源才能做好分內工作，而這些能量最終都來自我們吃下的食物。

測量 24 小時內身體使用多少能量才能保持所有維持生存的基本功能（排除所有任何活動），稱為**基礎代謝率**，又稱 BMR。

基礎意指「形成基本、基礎」。**代謝**意指與「新陳代謝」有關的一切，也就是「生物運用能量，於體內製造、維持、摧毀物質的物理和化學過程。」

基礎代謝率可能會基於長期飲食和運動模式而增加或減少（這稱為「代謝適應」，

本身就是一個非常有意思的主題），不過卡區‧麥克雅朵（Katch McArdle）以公式預測的大多數人的 BMR 準確率極高。

公式如下：

$$BMR = 370\ (21.6 \times LBM)$$

LBM 意思是**除脂體重**（lean body mass），意思就是人體中非脂肪的構成（公式以公斤計算）。

以全身體重減去體脂肪體重，就能算出除脂體重，得出體脂肪以外的所有重量。

公式如下：

$$LBM = (1-BF\%^*) \times 整體體重$$
$$*以小數點數字表示$$

例如我體重 87 公斤，體脂肪約 8%，因此我的除脂體重計算會是：

$$1-0.08 = 0.92$$
$$0.92 \times 87 = 80\ 公斤\ (LBM)$$

因此我的 BMR 算式如下：

$$370 + (21.6 \times 80) = 2,098\ 大卡／每日$$

這個 BMR 計算公式並不能給答案，告訴你身體在完全休止狀態能夠燃燒多少熱量，但是對絕大多數的人而言算是相當準確。

現在，你想要知道加上透過身體活動能燃燒的熱量，你想知道你的每日總消耗熱量，又稱「TDEE」。

這是你的身體在 24 小時之間燃燒的所有能量，每天都不一樣（有些日子你動得較多，有時候較少）。

一旦知道自己的 BMR，就能乘以下列數字計算出你的 TDEE：

- 一週運動 1 至 3 小時乘以 1.2。
- 一週運動 4 至 6 小時成以 1.35。
- 一週運動 6 小時或以上乘以 1.5。

得出的數字還算準確，測量出你的身體平均每天燃燒的總熱量。

如果你每天吃到這個熱量，你的體重大致上就會維持相同。因此，若要減重，你就要吃少一點……但要少多少？

計算你的熱量赤字

想要減肥的話，我建議適度調整熱量赤字 20 至 25%。任何超過此百分比的數字，可能導致與「飢餓飲食法」有關的不良副作用。

這表示你要將每日熱量攝取定在計算出的每日總消耗熱量（TDEE）的 75 至 80%。

例如我的平均每日 TDEE 約為 3,000 大卡，如果我想減重，就會將我的熱量攝取設定在 2,300 大卡。

定義你的巨量營養素目標

算出你的目標熱量後，現在我們要將這個數字變成蛋白質、碳水化合物以及脂肪目標。

方法如下：

- 如果你的體脂肪正常（男性最高 20%，女性最高 30%），每公斤體重吃 2.6 公克蛋白質。
- 如果你是肥胖人士（男性高於 25%，女性高於 35%），每公斤除脂體重吃 2.2 公克蛋白質。
- 每公斤體重吃 0.4 公克脂肪。
- 其餘的熱量皆來自碳水化合物。

以我為例，計算如下：

體重：87 公斤

熱量攝取：2,300 大卡

230 公克蛋白質＝ 920 大卡

（1 公克蛋白質約等於 4 大卡）

40 公克脂肪＝ 360 大卡

（1 公克脂肪約等於 9 大卡）

255 公克碳水化合物＝ 1,020 大卡

（1 公克碳水化合物約等於 4 大卡）

現在你有了數據，是時候將之轉變成你可以盡情享受的餐點計畫。

首先做一張你願意每天吃的食物表格，利用 www.calorieking.com 之類的網站資源，查看這些食物的巨量營養素內容。

許多人愛用 Excel 表格，條列出食物和其蛋白質、碳水化合物、脂肪和熱量。

然後開始利用這些食物組合成餐點，直到每日攝取量距離目標還剩下 50 大卡、感到滿意為止。

完成計畫後，現在就是每天堅持下去。如果途中對某些食物或餐點感到厭倦，只要以符合熱量數字的喜愛食物替換即可。

就是這麼簡單！

以彈性飲食法打造肌肉

你想要減肥時，就要吃得少於每日總消耗熱量（TDEE）。如果想要增加肌肉生長，那就要吃得多一點。

想要讓肌肉生長最大化，就應該比一般的基礎代謝率多攝取其 10%。這些少許的多餘熱量就足以讓你的身體有效成長。

用來「增肌」的巨量營養素分解也各不相同：

- 每公斤體重吃 2.2 公克蛋白質。
- 每公斤體重吃 0.66 公克脂肪。
- 其餘的熱量攝取自碳水化合物。

因此對我而言（數字四捨五入成整數，這樣比較簡單明瞭）：

190 公克蛋白質＝ 760 大卡

60 公克脂肪＝ 540 大卡

500 公克碳水化合物＝ 2,000 大卡

為什麼計算熱量（似乎）不是人人有效

我幫助數千人增肌減脂，以下是大家認為計算熱量最困難或無效的常見原因。

他們討厭計畫並追蹤自己吃下的食物

有些人認為用 My Fitness Pal 之類的東西計畫或追蹤自己吃下的食物是一種心理負擔。

有些人的生活方式則包含多餐由他人準備的料理，基本上根本不可能衡量熱量。

以我的經驗而言，這些人如果發現靠計算熱量和彈性飲食法減重有多麼輕鬆無負擔，多數人再也不會回頭。

起初的改變可能感覺有負擔，但是回報卻難以計量：不會餓肚子，沒有饑餓感，而且不用祈禱這可能是終於有用的飲食法。

他們討厭任何限制飲食的想法

有些人跟食物的關係相當微妙。

他們想隨心所欲地吃，而且不希望自己像是「專制」的計算熱量的奴隸。

在我的經驗中，這些人要改變更加困難。他們會嘗試所有方法——流行飲食法、排毒、減肥藥丸等等，最後才終於屈服在能量平衡的偉大之下，然後常常選擇繼續胖下去，等待下一個優於熱量計算的「新陳代謝奇蹟」。

他們經常吃過頭

這點當然太普遍了。

早餐多咬幾口……午餐的醬汁雙份……晚餐來一點計畫外的甜點。

所有這些「一點點」份量的額外熱量加起來，就能輕易抵銷你每天試圖維持的少許熱量赤字。

解決方法很簡單：每一天、每一口放進嘴裡的食物，都應該經過計畫或可追蹤。

他們沒有精確秤重食物

這是上述錯誤的意外版本。許多人不自覺地飲食過量，是因為沒有精確秤重食物份量而造成的。

例如，依照我的營養表格上的燕麥，一杯乾燕麥含有 300 大卡。我想吃一些燕麥，於是量了一杯，裝得有點滿（也可以說是「略微隆起」的一杯），然後記錄 300 大卡。但是我錯了——事實上這杯燕麥超過 360 大卡。

我在這裡犯的錯誤是單純的人為失誤。「一杯」可以超過也可以不滿一杯。

我應該做的是以公克秤量燕麥。80 公克就是 80 公克，不多不少，因此約為 300 大卡。

總之，我在這點上犯錯，這餐多吃了約 50 大卡，不過人生還是要繼續。

幾小時後，我想吃點花生醬，因此決定吃兩大匙，依照表格約為 188 大卡。挖出的花生醬為兩尖匙，我心滿意足地享受。

問題是 188 大卡的花生醬重量為 32 公克，但是我的稍微滿出來的兩大匙是 40 公克，包含 235 大卡。

接著我重複相同的錯誤，像是晚餐的番茄醬，咖啡裡的奶精，還有甜點的巧克力塊，輕輕鬆鬆就抹去一整天的熱量赤字，我甚至還不知道呢。

他們有如大胃王比賽選手般作弊

我很推薦進行飲食法時，每週來一頓適量的作弊餐。

這有如一劑強心針，而且依照你的體脂肪百分比，還能幫助減重。

注意，我說「適量」的作弊「餐」，可不是作弊「日」或是暴飲暴食餐，因為兩者可能害幾天或一整週的減肥無效。（注意，超級油膩又搭配酒精飲品的餐點最糟。）

因此作弊的時候，可以吃超過半日攝取量的數百大卡，但可別吃昏了頭。

如果有必要，你甚至可以減少當天的碳水化合物和脂肪的攝取量，「儲存」熱量以備更豐盛的大餐使用，讓一整天的總熱量攝取仍在合理範圍內。

他們錯誤計算每日總消耗熱量（TDEE）

很不幸地，這點真的非常容易發生，因為日常活動指數的科學公式常常把 TDEE 算得過高。大多數健美人士都很清楚這點，但是多數「圈外人」卻不知道。

這就是為什麼我在本書中給出的每日總消耗日量會略低於一般熱量計算機的總數。

他們的新陳代謝率必須「重整」

許多人想要減重時，會大幅調降攝入的熱量，並且透過每週數小時的運動大量提升能量支出。

這個方法會有效一陣子，但最終會告失敗。

為什麼？

因為你的身體適應供給的能量總額了。身體的目標是平衡能量收入和支出（以抹去你的熱量赤字）。

當你讓身體處於熱量赤字狀態時，新陳代謝自然會開始降低（燃燒較少能量）[3]。熱量限制越嚴格，新陳代謝也降低得更快更猛烈[4]。

另一個適應會引發的是降低一些自然動作的熱量消耗，如講電話時候走來走去、在浴室梳洗、閱讀時彈指，或是思考時抖腿。

這些活動消耗的能量稱謂非運動性熱量消耗，或稱 NEAT，在每日總熱量消耗中扮演的角色，遠比一般人想像的更重要。[5]

研究顯示，每人每日的非運動性熱量消耗有別，差異高達 2,000 大卡[6]。同一報告指出，人們只要增加簡單的活動量，像是盡可能走樓梯、以走路代替開車到相對較短的路程、與其看電視不如做家事等等，每天能多燃燒 350 大卡。

還有另一個因素，是你運動時燃燒的熱量。

體重減輕時，顯然你也減少每日總熱量消耗（因為驅動較重的身體耗費更多能量）。研究顯示正是如此[7]。

然而不像表面上這麼簡單，因為報告顯示，為減肥而限制熱量時，熱量消耗會少於一般人，即使穿上負重背心以人工方式增加體重亦然[8]。

所以啦，你可以發現，身體有多種方法減少熱量消耗，使能量收入和支出平衡。發生此現象時，即便採取極低熱量節食法和大量運動，減重還是可能停滯。

大多數卡關的人並不了解生理學原理，反而提油救火：進一步減少熱量攝取或是做更多運動，如此只會讓新陳代謝變得更緩慢。

這可能會變成惡性循環。

劇烈且慢性地減緩新陳代謝率的過程，通常稱為代謝「適應」，甚至「破壞」，不過幸好只要透過簡單的「反轉飲食法」就能夠解決。

你可以在下列網站瞭解更多關於反轉飲食法：

http://www.muscleforlife.com/reverse-diet/

他們沒有耐心

每當有人寫信向我抱怨他們無法減重，

我總是問些更細微精確的問題。

他們一點點體重都沒有掉嗎？他們這麼做持續多久了？他們是否看起來更精實？腰圍有變小嗎（這是很可信的減肥徵兆）？

我得到的答案幾乎總是下面這些：

「這個嘛，我大概一個禮拜掉半公斤，但是我不是該瘦更多嗎？」或是「我的體重在過去四天一點都沒掉」或是「我還是看不到腹肌」等等。

重點是，這些人通常在減重目標上成效不俗，但是通常他們的目標太不切實際，是根本達不到的標準。

這些標準通常被荒謬大型健身網站或主流實境秀誤導，以為兩到三個月就能大變身。

如果 7 到 10 天瘦下半公斤，就是成效斐然。繼續做下去！

如果你在 7 到 10 天後體重仍然大致相同，那你只要多動一點，或是少吃一點就可以了。

他們太在意體重計上的數字

體重計的數字往下掉固然是個好指標，但是並非絕對。

尤其如果你第一次舉重，因為光是這點就會因為肌肉量增長而增加體重——沒錯，確實可能同時增肌和減脂——還有額外的肝糖（這是身體使用的碳水化合物的能量形式），以及你訓練的肌肉中的含水量。

然而若不了解這點，人們可能會很困惑，何以褲子變鬆了，身體看起來變精實了，但是體重卻一點也沒變。

這一切全都是額外與肌肉有關的重量，取代了減去的脂肪的重量。

記住，身體組成才是此處真正的關鍵，而非只有體重。我們希望看到你的肌肉量增加，體脂肪率下降，照鏡子和量腰圍比體重計更能準確判斷。

不過如果 7 到 10 天內，體重計、鏡子和腰圍紋風不動，那就該做些改變了。

這些是人們在計算熱量時容易失敗或感覺失敗的最普遍的原因。避免這些暗藏的危機，依循本章的訣竅，你就會得到巨大的成功，而且甚至享受其中呢。

結語

如果你對彈性飲食法存疑，我可以了解。初次發現這個方法時，我根本覺得這全然是浪費時間，但是很快我就發現並非如此。

你可以吃喜歡的食物，又能擁有想要的身材。

這就是彈性飲食法的承諾，而且很快你就會自己發現，承諾是真的。

「節食」愉快！

章節提要

————

- 如果每天 80% 的熱量來自相對未加工、營養密度高的食物，剩下的 20% 熱量可以吃絕大多數節食「大師」會皺眉頭的食物。

- 偶爾不小心吃多了，不必為此害怕。

- 如果想要減重，我建議熱量赤字在 20 至 25% 之間。超過此比例都可能導致與「飢餓飲食法」有關的不良副作用。

- 想要增加肌肉生長時，應該多攝取每日總熱量消耗的 10% 的熱量。

- 太多「少量」的多餘熱量加起來，就會輕易抵銷你每天維持的適度熱量赤字。

- 「作弊」時，可以比平常的攝取熱量多幾百大卡，但是可別吃過頭了。

- 身體有多種減少能量消耗的方式，讓攝取的熱量等於支出。此現象發生時，即使攝入極低的熱量與大量運動，減重也可能因而停滯。

- 如果每 7 至 10 天瘦半公斤，那表示你做得很好，保持下去。如果 7 至 10 天後，體重幾乎沒變，那你可能就得多動或少吃。

- 我們想要的是你的肌肉量增加，體脂肪降低，比起體重計，鏡子和腰圍更能準確評估。

- 如果 7 至 10 天之間，體重計、鏡子和腰圍全都沒變，那你可能得做些改變了。

如何吃得正確，
又不過度計較每一大卡

「有時候，魔法其實只是某人比其他人以為得花費更多時間在某件事上。」
──克里斯・瓊斯（Chris Jones）

雖然計算熱量是既能吃喜愛食物又能減重最簡單可靠的方式，但是如果你不打算減重，不必每次吃飯的時候都想摔爛計算機，也能維持良好的身心狀態。

這是因為維持特定身體組成有相對較輕鬆的飲食法，只需要聰明地選擇食物和自然而然的食慾。

在本章中，我將分享一些簡單的飲食法則，能幫助你建立健康的飲食習慣，無須計畫或追蹤每一樣吃下肚的食物也能維持精瘦。

吃高蛋白飲食

每隔幾個月，電視、雜誌和暢銷書榜上就會冒出新潮花俏的流行飲食法，宣稱這就是你充滿渴望的心想要的一切。

你很清楚這些重彈老調：輕鬆減重，精力充沛，健康無比，超乎人類的長壽等等，族繁不及備載。無論你聽的是誰的話，都可能感到很困惑。

有些飲食法比較正確，風潮也會持續比較久（例如石器時代飲食法和地中海飲食法），其他的則在風頭過後就消失（例如

目前瘋傳的低碳飲食法），還有一些飲食法造成的傷害比幫助更大，希望它們趕快墮入黑暗之中（HCG 飲食法和其他你能想到的飢餓飲食法）。

不過比較好的飲食法的共同點，就是它們都需要吃大量蛋白質。

讓我們快速討論高蛋白飲食法的主要優點吧。

高蛋白飲食能打造更多肌肉，讓你更強壯

肌肉組織主要由蛋白質構成，因此高蛋白飲食能幫助更快打造肌肉，這點並不令人意外。而肌肉更多，力量也越強大。

如你所知，鍛鍊肌肉時，就是在破壞撕裂肌肉組織，然後開始稱為「蛋白質合成」的過程，也就是身體創造（合成）新的肌肉蛋白質，取代並添加在被破壞的組織上。

這就是為何運動，特別是阻力訓練，能夠增加身體的蛋白質需求，也是為何高蛋白飲食法能夠幫你打造更多肌肉和力量[1]。

高蛋白飲食讓你減去較多脂肪、較少肌肉

想要讓身材更精實，目標並不只是單純的「減重」，而是減脂。

也就是說,目標是減去脂肪而非肌肉,研究清楚表示高蛋白飲食法都能夠更快減脂[2],並且保留肌肉[2]。相較於低蛋白飲食,高蛋白飲食就是能讓你減去更多脂肪,流失較少肌肉。

不僅如此,研究也顯示高蛋白飲食在實行熱量赤字時,較容易堅持下去,因為比起低蛋白飲食,較不會擾亂心情、較少壓力和疲倦感,也較少不滿足感;而且較好的飲食法表示最終的減肥效果也更好[3]。

高蛋白飲食能帶來更多飽足感

飢餓感是大多數人遇到的飲食障礙,尤其在減肥中的熱量限制期。

當你的胃整天像個無底洞時,根本難以規範吃下肚的食物,而高蛋白飲食正是解法。

精確來說,研究顯示增加攝取的蛋白質,能夠透過多種機制降低飢餓感,包括適當調整與飢餓和飽足感相關的荷爾蒙[4]。

高蛋白飲食的飽足效果不僅是全面的,而且在每一餐亦然:研究顯示,高蛋白餐點比高脂肪餐點更具飽足感,意思就是飽足感會延續更久,讓你較不容易過食[5]。

隨著老化,高蛋白飲食可以保留更多肌肉

與老化有關的退化性肌肉流失(又稱**肌少症**)會令人衰弱,最終也會影響生活。研究顯示,隨著老化流失的肌肉越多,死於各種傷害和疾病的可能性也越高[6]。

年長人士無法像較年輕族群有效地利用蛋白質,因此更需要蛋白質。這也是為何高蛋白飲食法是幫助延緩甚至預防肌少症的有效方法,尤其是搭配阻力訓練(沒錯,老年人也能增加肌肉!)。[7]

高蛋白飲食的另一個附帶優點,就是能夠減少骨質疏鬆的風險,這也是與老化有關的另一個嚴重健康威脅。[8]

高蛋白飲食究竟由何構成?

如你所知,該吃多少蛋白質是個複雜的問題,不過當你看過大量文獻紀錄後,就會浮現共識:

◆ 如果你相對精實,並沒有實施熱量赤字,每公斤體重吃 1.8 至 2.2 公克蛋白質就足以獲得高蛋白飲食的許多優點。

◆ 這與數十年來的健美人士宣導的「運動知識」吻合:1 公斤體重吃 2.2 公克蛋白質。

◆ 如果你相對精實,而且正在實施熱量赤字,最好每公斤體重吃 2.2 至 2.6 公克蛋白質。

研究顯示,阻力訓練運動員在熱量限制尤其是精瘦程度提升時,會提高對蛋白質的需求(在熱量赤字時,身體越精瘦,就需要越多蛋白質以保持肌肉)。[9]

◆ 如果你身形肥胖(男性體脂肪超過 25%,女性超過 35%),1 公斤除脂體重吃 2.2 公克蛋白質就很足夠。

吃大量低卡高纖的食物

纖維是不可消化的碳水化合物類型,許多食物中都能見到,包括水果、蔬菜、豆

類和穀類。纖維有兩種形式：水溶性纖維和不溶性纖維。

水溶性纖維會溶於水，能夠延緩食物在消化系統中的速度。

研究顯示，水溶性纖維由腸道中的細菌代謝，因此對糞便重量影響不大[10]。不過水溶性纖維能夠促進提升好菌和脂肪酸，增加排便體積，而且也是腸道重要的刺激來源[11]。

部分常見的水溶性纖維包括豆子、豌豆、燕麥，李子、香蕉和蘋果等水果，青花菜、地瓜和胡蘿蔔等蔬菜，還有堅果，其中又以杏仁含有最多膳食纖維。

不溶性纖維不溶於水，會成為糞便的重量[12]。不溶性纖維會在腸壁反彈造成傷害，不過研究顯示，這些傷害與細胞再生修復反而是健康的過程[13]。

常見的不可溶纖維包括全穀類食物，如糙米、大麥、麥麩，蔬菜如豆類、豌豆、四季豆、花椰菜、酪梨，還有部分水果的果皮，如李子、葡萄、奇異果和番茄。

含水量高的纖維食物，如大多數蔬菜和部分水果，都對維持健康和預防體重增加幫助極大。雖然熱量低，不過飽足感十足，有助於調節每日整體熱量攝取，而且富含重要的微量營養素。

我最喜歡的高纖水果和蔬菜包括蘋果、香蕉、球芽甘藍、菠菜，還有柳橙。美國農業部（USDA）建議成人每天要吃 2 到 3 杯蔬菜和水果，而我發現這點對於保持健康和身體組成效果絕佳。

限制你的劣質脂肪攝取量

脂肪能夠幫助身體吸收你吃下的其他營養素；這些脂肪滋養神經系統，幫助維持細胞健全，調節荷爾蒙，以及許多其他功能。

然而並非所有的脂肪都一樣。有些類型能夠促進健康，有些脂肪則會對健康有害。

健康的脂肪存在於未經油炸的植物油，如橄欖油、椰子油和花生油，堅果、種子和奶油以脂肪構成，乳製品，還有優質肉類與海鮮，如野生捕捉魚類和以天然食物餵食的放養家禽家畜瘦肉。

文獻中有無數證據顯示這些食物帶來的健康好處。

例如研究顯示，定期食用堅果能夠延長壽命，橄欖油能夠降低組織發炎，某些魚類富含可保護腦部因老化而受損的 Omega-3 脂肪酸，而且比起較少食用乳製品的人，食用較多的族群得到心臟疾病和糖尿病的可能性較低[14]。

不健康的脂肪存在於洋芋片、甜甜圈和炸雞，加工肉品如劣質香腸、冷肉切盤、牛肉乾、醃製肉類和熱狗；包裝食品如甜食、早餐穀片、微波爆米花、冷凍披薩，還有劣質優格與花生醬。

一如前述，證據明確顯示這類食物對身體害處極大。

定期食用油炸食品與肥胖和多種慢性疾病有關，如高血壓、心臟病以及癌症。

加工肉品含有多種致癌化學物質，許多包裝食品含有一種加工油脂叫做「反式脂肪」，研究顯示這種脂肪會增加心臟病、糖尿病、不孕症和其他疾病的風險[15]。

反式脂肪是以科學方式改變形式的飽和脂肪，用來增加食物的販售期限並改良適口性。肉類和乳製品也含有微量反式脂肪，不過這些和微波食物中的分子並不相同。

加入食物中最常見的反式脂肪為氫化油和部分氫化油（加入氫原子的油脂）。所有含「氫化油」或「部分氫化油」的食物都含有反式脂肪。

反式脂肪的麻煩之處，在於只要少量就會對健康造成不良影響。一份由超過12,000名女性護理師指導的報告指出，只要將每日熱量的2%以反式脂肪替換，就會讓心臟病的風險增加一倍[16]。

這就是為何美國醫學學會建議「盡可能減少」反式脂肪攝取量，也是為何美國心臟協會（American Heart Association）建議每日攝取少於2公克的反式脂肪。個人方面，我完全避免加入反式脂肪的食物，建議你也效法我。（當然啦，你可以偶爾吃一點也無妨，但是我絕對不會讓反式脂肪變成日常飲食的一部分。）

避免反式脂肪並不光是看食品標示上宣稱「無反式脂肪」這麼單純。要達到美國食品藥物管理局（FDA）定義的「每份含零公克反式脂肪」，食物不必完全不含反式脂肪——只要每大匙含量少於1公克反式脂肪，總重量不超過7%，或是每份少於0.5公克即可。因此如果一包餅乾每份含0.49公克反式脂肪，製造商就能在包裝上宣稱此產品不含反式脂肪。

這些「假裝零含量」的產品就是我們每天應食用少於2公克反式脂肪時的棘手之處，因此選擇每日食物時務必將之銘記在心。

由生理心理學的角度去看這類食物的消耗方式，你也應該限制攝取不健康的脂肪。不健康脂肪含量高的食物通常非常美味，熱量密度也很高，有可能造成過食[17]。

注意，我建議你「限制」不健康脂肪的攝取量，並不是禁止這些脂肪。這是因為如果你的整體飲食很健康，且規律運動，偶爾吃一些不健康的脂肪也不至於有礙健康。

也就是說，你可以靠飲食和運動讓身體處於絕佳狀態，即使偶爾有些小「失誤」也不會造成長期後果。

從魚類、堅果和油當中攝取主要的膳食脂肪

這些食物富含不飽和脂肪，即在室溫下會呈現液態的脂肪形式。

研究顯示，不飽和脂肪可改善心臟健康，降低血壓，並減少心臟疾病、中風和糖尿病的風險。[18]

這就是為何美國心臟協會建議，每日主要攝取的脂肪（例如超過50%）應來自不飽和脂肪。

這點很容易辦到。例如在沙拉上淋一大匙橄欖油就能提供12公克的不飽和脂肪，一把杏仁含約9公克，一份113公克的鮭魚則含11公克。

保持攝取相對較少的飽和脂肪（低於每日總熱量之10%）

飽和脂肪存在於肉類、乳製品、蛋、油、培根脂肪和豬油等食物中。如果油脂在室

溫下為固態，就是飽和脂肪。

近期的研究對了長期以來人們認為飽和脂肪會增加心臟疾病的觀念提出質疑。[19]

這對許多飲食法「大師」而言簡直是天賜恩惠，讓他們得以大肆推崇高脂飲食，結果就是近來可看見肉品和乳製品食用的復興。

問題在於用來推崇這項飲食運動的研究，因為多種缺陷和疏漏而被許多重要的營養學和心血管研究人士嚴厲批判[20]。

這些科學家認為，攝取大量飽和脂肪酸和心血管疾病之間有強烈關係，而且在我們有進一步了解之前，最好依循一般膳食建議的飽和脂肪攝取量（低於每日總熱量的10%）。

基於目前現有的研究，我不認為可以安全地說，人們能夠隨心所欲大啖飽和脂肪也不妨礙健康。我寧願「打安全牌」，直到有進一步研究再決定是否跟風。

美國疾病控制與預防中心（CDC）列出幾條簡單的方法，可減少攝取飽和脂肪：

◆ 選擇沒有肉眼可見油花（例如肉裡沒有脂肪）的瘦肉。瘦肉包含圓切沙朗肉眼。食用前切除肉邊所有可見脂肪。

◆ 烹調前，去除雞肉、火雞和其他禽類的外皮。

◆ 重新加熱湯品或燉肉時，撈去表面的固體油脂。

◆ 選擇低脂（1%）或脫脂牛奶，而非2%或全脂牛奶。

◆ 購買最喜愛的乳酪和其他乳製品時，選擇低脂或脫脂版本。

◆ 想要來點甜食時，選擇低脂或脫脂版

本的冰淇淋或冰品。這些品項的飽和脂肪含量較低。

◆ 選擇飽和脂肪含量低的烘烤食品、麵包和甜點。在營養成分標籤上即可找到資訊。

◆ 點心時間要多多注意。某些便利的點心，像是三明治餅乾就含有飽和脂肪。不如選擇脫脂或低脂優格和少許水果。

不要認為自己必須做到以上所有事項。只要選擇適合自己的飲食法且喜歡的選項就可以了。

以我為例，我每天要攝取約3,000大卡，意即我的每日飽和脂肪攝取量應該低於35公克（約含有315大卡）。我吃不帶皮的瘦肉和低脂乳製品，不過我選擇奶油和2%鮮乳，而非低脂抹醬和脫脂鮮乳。

限制攝取過度加工的食品

健康和飲食法大師很愛妖魔化「加工食品」，認為那是所有膳食之惡的根源，但是所有你吃下的食物或多或少都經過加工。

事實上，數千年來人類一直在加工食物，並非所有現代加工法都有壞處。例如燙熟冷凍是保存蔬菜新鮮度和營養成分的有效方法。種子必須壓製成油，鮮乳必須加溫才能殺死部分細菌。

不過從另一方面而言，有無數食物的加工手法對我們的健康有害，像是加入反式脂肪與其他防腐劑延長保存期限；加入大量鹽、糖和脂肪增添風味；以煙燻、醃漬、鹽醃或添加防腐劑的方式保存肉品。

一如前面提過的，你不需要全盤否定拒絕加工食品，只要限制攝取量即可。

從相對未加工食品攝取每日的主要熱量就足夠了。

以下是幾個實用方法：

- 不要使用市售沙拉醬，從無到有自己做。不僅更美味，對身體也更好。
- 丟掉高鹽高油又過度加工的零食，像是洋芋片、椒鹽脆餅、含糖穀片之類的食品。水果、堅果、水果燕麥片和堅果醬是更好的選擇。
- 戒掉奶精，選擇真正的鮮乳，也可選擇豆漿或堅果奶。
- 拋開植物性奶油和植物性抹醬。以真正的奶油取代。
- 不要喝汽水或果汁，喝真正的水。如果你不能接受水的味道，可以加入草莓、檸檬、萊姆或西瓜等增添風味。
- 冰箱塞滿冷凍水果和蔬菜。選擇美國農業部標示「U.S. Fancy」等級

的農產品，因為這些品質優於「U.S. No.1」或「U.S. No.2」。

- 與其選加工穀類，不如選全穀類。從精製白麵包、義大利麵和米換成全穀系列，就能輕鬆提高每日攝取的纖維與其他營養素含量。

結語

計算或追蹤熱量和巨量營養素是保證飲食法成功最有把握的方法，不過如果你猶豫是否要紀錄餘生每一天的每一餐，我很了解你的心情。

幸好你不必這麼做。

取而代之的，你可以使用我的做法：計畫並追蹤所攝取的食物，讓減肥或維持超低體脂肪（男性低於 10%，女性低於 20%）的效果最大化。這時候你才需要斤斤計較每一大卡，也就是我在前面章節談的。

若非如此，只要使用本章的技巧保持健康、避免增重就足矣。

本章摘要

◆ 增加蛋白質攝取量可透過多種機制降低食慾，包括有效調節與飢餓和飽足感相關的荷爾蒙。

◆ 富含水分的高纖食物，像是蔬菜和部分水果，都能有效維持健康和預防增重。

◆ 健康的油脂存在於未經油炸的植物油中，如橄欖油、椰子油和花生油；堅果、種子和前者製成的抹醬；低脂乳製品；高品質肉類和海鮮，如野生捕撈魚類與餵養天然飼料的放牧肉品。

◆ 不健康的油脂存在於油炸食物，如洋芋片、甜甜圈和炸雞；加工肉品如劣質香腸、冷肉切盤、牛肉乾、醃製肉類和熱狗；包裝食品如甜食、早餐穀片、微波爆米花、冷凍披薩，還有劣質優格與花生醬。

◆ 美國醫學學會建議，反式脂肪攝取量應該「越少越好」，美國心臟協會建議每天食用少於 2 公克反式脂肪。

◆ 美國心臟協會建議，每日主要（超過 50%）脂肪熱量來源應來自不飽和脂肪。

◆ 在我們進一步了解人體之前，最好依循一般膳食建議的飽和脂肪攝取量（低於每日總熱量的 10%）。

有機或慣行法食物？
建立在科學上的評論

「只要肚子飽了，窮富便無差別。」——歐里庇德斯（Euripedes）

十年前，有機食物的市場還很小眾，消費族群只有一小撮。

現在有機食品成了最炙手可熱的食物潮流，大型生產商快速擴張有機分店，大多數的美國人至少偶爾會購買有機產品。

這是否又是另一種短暫潮流？有機食品真的值得高貴價錢嗎？它們「真的」比慣行農產品好這麼多嗎？

這個嘛，很多人以吃有機食品對身體的好處發誓，搞得像是宗教，而且些「非信徒」則宣稱這只不過是出色的行銷手段，讓營收數字更漂亮。

究竟誰對誰錯？

什麼叫有機食物？

進一步探討有機食物的優缺點之前，先讓我們花點時間弄清楚究竟什麼叫做有機食物。

有機農作物種植過程不使用合成殺蟲劑、基因改造、石油——以及污泥為主的肥料，或受輻射污染。

有機牲口飼養過程則不使用抗生素、生長激素或動物副產品，而且一定要能夠到戶外，食用有機飼料。

你會發現為什麼有機食品很好推銷：光是其定義就充滿好處。人們很容易下結論，認為使用的化學物質越少，食物就越天然、越好。就像複合維他命，很多人購買有機食品單純是為了這個「理念」。

至於標章，解釋如下……

記得看標示

食物要以有機銷售，必須符合美國農業部（USDA）的嚴格標準，了解其如何生長、照顧、加工。如果食物符合這些標準，就會有以下標示：

然而不是所有的有機食物都一樣。

100% 有機證明／ 100% Certified Organic

此標章表示產品中除了鹽和水，所有材料皆為有機。

有機／Organic

此標示代表產品中除了鹽和水，95% 的材料皆為有機。

以有機成分製成／Made with Organic Ingredients

此標示代表產品中除了鹽和水，70% 的材料皆為有機。

有機食物的好處是什麼？

如果我想說服你有機食物根本是浪費錢，就會複述被廣泛引用的史丹佛報告（Stanford study），內容包括「已出版的文獻缺乏強烈證據，表示有機食物確實較慣行食物更有營養。」[1]

而且很多人這麼做，把這件事當成茱蒂法官（Judge Judy）節目中一翻兩瞪眼的簡單案例。

這麼做不僅懶惰也誤導人，因為有機食物中有更多應該思考的科學評估。

首先，史丹佛研究被多位科學界權威嚴厲批判，只挑對報告有利的證據支持其結論，無視無利於報告的數據，使用模糊的字彙，延伸研究結果以「回答」根本無法被回答的問題（最基本的就是「有機食物是否較慣行食物更營養或更安全？」）[2]

再者，如果花時間檢視細節，閱讀許多與此相關的分析報告，你就會發現吃有機食物的幾項好處，而且非常清楚。

有機農作物較慣行作物更營養

其中一個例子就是設計優良且全面性的調查，顯示比起慣行農作物，有機農作物的營養素高出 10 至 30%，包括維他命 C、抗氧化物質、酚酸，維他命 A 和蛋白質含量也較高。[3]

有趣的是，這份調查的團隊較大，由紐卡索大學（Newcastle University）的科學家領頭，卻和充滿爭議的史丹佛報告引用大量相同的文獻，只不過以更嚴格的準則，評斷分析研究的品質，以及研究結果的意義。

史丹佛報告的科學家們似乎並不覺得營養濃度增加 10 至 30% 是「顯著地更有營養」，因此否定這點不可能對健康有益。

然而這就是過度簡化，相對提高某些關鍵營養素的含量，「很可能」對一般西方飲食族群的健康有好處。[4]

有機農作物讓你減少接觸殺蟲劑

研究顯示，比起慣行農作物，有機農作物沒有殘留殺蟲劑的機會高了 85%，而且低了約 10 至 100 倍。[5] 有機食物很少殘留多種殺蟲劑，高風險殺蟲劑尤其罕見。

農作物也不是唯一的問題：慣行飼養的肉類含有較多殺蟲劑和其他化學物質，會堆積在脂肪組織中。[6]

不僅如此，我們更應該關注暴露在殺蟲劑中對整體健康的風險，而非只是殘留的數量。

最好的例子：研究顯示，從慣行食物轉吃機食物，能夠降低 94% 殺蟲劑帶來的健康風險，由於整體暴露在殺蟲劑中的風險減少，尤其是排除了高風險化學物質。[7]

這點對於懷孕中的婦女尤其重要，因為

研究顯示產前暴露在慣行農法中的有機磷酸鹽，會增加孩童發展出自閉症、注意力不足過動症與氣喘的風險。[8]

在孩童身上，這些化學物質顯示會提高認知不足，包括降低智商等風險。[9]

美國兒科學會（American Academy of Pediatrics）也參與研究，認為有機飲食能減少孩童接觸殺蟲劑，並降低與抗生素耐受性有關的疾病之風險。[10]

有機肉類的抗生素耐受性細菌含量較低

抗生素耐受性對人類而言是很嚴重的健康問題。研究顯示，攝取使用抗生素的動物正是重要因素。[11]

原因是使用抗生素的牲口成為孕育抗生素耐受性細菌的溫床，其耐受性可能會傳給其他細菌，也從動物傳到人身上。[12]

有機農夫不可對生產有機食品的牲口施用抗生素，這就是為何研究顯示，比起慣行法肉類，有機肉類發生細菌對安比西林耐受性的機率低了 66%。[13]

有機肉類不含可能威脅健康的生長激素

1999 年，歐盟與公共健康有關的禽畜措施科學委員會（真是冗長饒舌的名字）主導的研究證實，使用生長激素的牲口可能威脅食用者的健康，從那時候起科學家對這些藥物的使用，才開始比較關注。[14]

雖然激素對人體長期影響的辯論持續進行，大方向已慢慢轉為激素「有多大影響」，而非是否有影響。而研究顯示，攝取施用生長激素的動物對人體造成的影響，可能比人們過去想像的更廣泛。[15]

有機食物的缺點是什麼？
———

你可能會狐疑：「那有機食物的難處是什麼？」這個嘛，確實有幾個重要的缺點。

有機食物價格昂貴

如果想要完全改吃有機食物，你最好準備錢包大失血。

如果你有閒錢，那麼把所有慣行農法的食物全部換成有機產品絕對錯不了。

不過如果預算有限，你可以把錢花在刀口上，某些食物選擇有機的，其他食物則選慣行法（我們稍後就會針對這點多加解釋）。

有機食物較不能久放

這點比較次要，不過有機食物少了防腐劑表示也較容易腐壞，可能代表要分多次購物也會浪費食物。

這點反過來會造成吃有機食品的開銷。

有機食物的多樣性可能較差

如果你的住處附近沒有「全食物」有機超市（Whole Food），可能很難找到有多樣化有機食品選擇的商店。

農夫市集越來越盛行，網路上也能找到有機食物，如果你有 DIY 魂，甚至還可以自己動手種植有機蔬果呢。

哪些食物值得購買有機版本？
———

在完美的世界裡，人們的食物都來自當地有機農夫，日日享用從農場到餐桌的美味。

但是誰有錢和時間這麼做呢？

幸好，你不必「全部」改吃有機才值得。有些食物整體較其他食物更容易吸收化學物質，光是清洗或削去外皮也不足以去除殘留的殺蟲劑。

基於這點，選擇以下食物能夠大大降低你接觸到的殺蟲劑：

蘋果、草莓、葡萄、芹菜、桃子、菠菜、甜椒、（進口）油桃、小黃瓜、小番茄、（進口）甜豆、馬鈴薯、辣椒，以及藍莓。

另一方面則是「乾淨十五」（Clean Fifthteen），也就是十五種殺蟲劑殘留量最低、因此最不需要考慮購買有機版的蔬果：

酪梨、甜玉米、鳳梨、甘藍、（冷凍）豌豆、洋蔥、蘆筍、芒果、木瓜、奇異果、茄子、哈密瓜、白花椰菜，以及地瓜。

有機乳製品也很值得「投資」，因為慣行農法的牲口吃的飼料通常飽含殺蟲劑，最後會留存在乳脂肪中。例如慣行法奶油通常含有殺蟲劑殘留，但是有機奶油就沒有。[16]

同理，如果你吃較肥的肉，選擇有機肉品不失為一個好主意。

6 個方法，吃到便宜的有機食物

現在你或許可能願意讓有機食物加入飲食中，不過你可能（而且我能理解）也會擔心價格。

有機食物固然會比相同的慣行食物花費更多錢，不過還是有幾個技巧，讓你能夠換吃有機，又負擔得起。

吃當季

當地生長的食物幾乎總是比進口貨便宜，因此如果以當季農產作為餐飲計畫的指南，雖然冬天吃不到草莓，不過能幫你省下不少錢。

購買量販品

當地有機農產合作社和健康食品店有量販選擇，在豆類、穀物和香料方面可以幫你省下大筆金錢。

事實上，不在慣行食品店購物，選擇在有機合作社大批買入當季農產品，乾燥、做成罐頭、冷凍後就能保存使用一整年呢。

合作社諮詢服務（The Coop Directory Service, http://www.coop-directory.org/）是絕佳的線上資源，幫助你找到附近的合作社。

購買即期的食物省錢

大多數的健康食品店都有「賣相不佳」的食物專區，像是有斑點的香蕉，還有一兩天內就要到期的食物。

這些食物常常會下殺許多折扣，可以精挑細選一番，找到最佳選擇，是一種雙贏的做法。

可能的話購買冷凍貨

冷凍食品較新鮮食品便宜，研究也顯示，在營養方面冷凍食物不僅不輸給新鮮食物，有時更甚之。[17]

了解這點對於大批購入當季農產品也很有幫助，取用你需要的部分，剩下的燙熟後冷凍保存！

避開已分裝食物

這些產品方便又美觀，但是記住，這些有機「高級品」會花掉你大把銀子。

只購買要自己烹煮的全食物產品，就能省錢。

盡可能選擇商店自有品牌

許多超市和商店都有自己的同名品牌有機食物系列，包括農產品、義大利麵、穀類、調味料等。

這些自有品牌比大品牌便宜許多，雖然名牌更漂亮誘人，但別被唬住了：它們的種植和加工過程都是一樣的。

結語
———

吃有機食物或許不是健康的祕密，但是有機食物的好處貨真價實，而且在某些例子中甚至相當重要。

研究顯示，盡可能減少接觸有害的殺蟲劑和其他化學物質，包括在飲食中加入有機食物，都能降低疾病的風險，並令人更長壽，光是這點就讓錢花得很值得！[18]

本章摘要

————

- 有機農作物種植過程不使用合成殺蟲劑、基因改造、石油──以及污泥為主的肥料,或受輻射污染。

- 有機牲口飼養過程不使用抗生素、生長激素或動物副產品,而且一定要能夠到戶外,食用有機飼料。

- 有機作物較慣行農法作物更營養。

- 有機作物能讓你減少接觸殺蟲劑。

- 有機肉類中對抗生素有耐受性的細菌含量較低。

- 有機肉類不含可能威脅健康的生長激素。

- 你不必「全部」改吃有機才值得。有些食物(骯髒十二,The Dirty Dozen)整體較其他食物(乾淨十五,The Clean Fifthteen)更容易吸收化學物質。

- 有機乳製品也很值得「投資」,因為慣行農法的牲口吃的飼料通常飽含殺蟲劑,最後會留存在乳脂肪中。

- 有機食物固然會比相同的慣行食品花費更多錢,不過還是有幾個技巧,讓你能夠換吃有機,又負擔得起。

≡ 料理 ≡

料理美味食物的極簡指南

「料理既是孩童的遊戲，也是成人的樂趣。帶著關懷料理的食物則是充滿愛的行為。」──克雷格·克萊伯恩（Craig Claiborne）

許多人認為料理美味的食物非常困難，事實上完全不這麼回事。

你是否曾經踏進超市，看到烤架上的整排烤雞等著趕時間的匆忙購物者？這些烤雞看起來好方便啊，但是你知道嗎，這些烤雞簡單得要命，其實就是在全雞上面撒些香料，然後塞進烤箱烤一、兩個小時嗎？

或是微波餐、「預烤」餐之類的食品。只消看一眼成分表，就會發現這些很難稱得上食物，而且諷刺的是，烘烤冷凍披薩的十五分鐘，其實就能用來自己製作更健康的全食物鹹派。

重點是，料理真正而且「優質」的食物，出人意表地簡單實惠，而且快速……只要學會少許料理和保存食物的基礎方法就夠了。

一起學吧。

料理的 12 大常見錯誤

我們絕大多數的人受過正式教育，卻沒有受過真正的料理訓練。我們花費無數小時鑽研數學算式和句子結構，卻完全沒有花時間學習好好餵飽自己的技能。

因此不意外許多人變成料理錯誤的受害者，讓準備餐點更困難，吃起來也不太美味。

讓我們來看看十二個最常見的料理錯誤吧。

料理完成後才嘗味道

多少次你嘗試新食譜，結果對最後成品的風味大失所望？

記住，食譜是建立在一個人的喜好上，因此你想要的香料多寡或風味可能和書上印的不一樣。烹調過程中不斷試味道，就能預防料理後的失望。

再者，料理是持續的、感官的事，需要投入注意力，才能從「還好」變成「美味」。

事前準備失敗

手忙腳亂地開始烹調雞翅食譜，而有經驗的廚師會事先計畫，讓一頓餐點盡可能地令人享受。

方法如下：

受到激勵想要吃美味的食物

閱讀美食雜誌，上網閒逛，看看照片，回想孩提時代最喜愛的菜餚。想像力會開始飛翔，繼續腦力激盪，把點子寫下來。

擬定菜單

擬定簡單的菜單，包含有各式食材、味道和口感的熱食和冷食。

記住維持簡單就好。腦袋還是要繼續轉，只不過我們還沒有要跑環法賽！

製作購物和準備清單

對菜單滿意後，我非常建議你花時間好好製作一張購物清單，列出所有需要購買的東西。

接著製作準備清單，列出你要烹調什麼，何時要開始進行。從最花費時間的料理開始，最後才是花費時間最少的料理（像是準備邊菜）。

你也應該在準備清單上列出需「整批」處理的步驟——一次清洗所有的蔬菜，幫所有的洋蔥去皮，切碎所有的大蒜，以此類推。

該用小火的時候用了大火

為了讓菜餚快點上桌，很難不抗拒轉大爐火，提高溫度，不過結果會是混濁硬澀或乾巴巴的成品。

若食譜說小火微沸，意思是讓熱度維持在每一、兩秒在表面冒出一個氣泡。

只要高於這個溫度，就會是一場災難。

以為自家的烤箱運作完美

絕大多數的料理新手根本不會注意到每一臺烤箱都有各自的高溫點、低溫點，以及其他特性。

利用「麵包測試」法找出你家烤箱的特質：烘焙紙上放麵包，放進烤箱其中一層，以攝氏 175 度烘烤數分鐘。透過烘烤，你會發現烤箱的高溫點，如此一來，以後製作烘烤料理時就能以此為依據做調整。

例如，如果麵包的左後角落比右邊或前方顏色更深，那麼你可以在烘烤途中轉動料理，或是將料理擺放在溫度較一致處，讓整體熟度更均勻。這麼做可以避免高溫點影響料理菜餚。

不過更棒的是旋風烘烤模式，利用熱空氣而非加熱器具烹熟食物。旋風烘烤的主要優點是熱度分布非常均勻（可消除低溫點），並且縮短烹調速度 10 至 20%。

雖然對於容易移動或灑出的食物，一般並不建議使用旋風模式（像是快速麵包或其他糕點類食物），不過對於烹調肉類、魚類、蔬菜還有其他質地紮實的食材卻非常理想。

鍋子還沒熱就放入食物

如果你要乾煎或熱炒，充分加熱的鍋子可以避免食材沾鍋，並保證能煎出或炒出你想要的成果。

你需要的「熱衝擊」，會發出美妙的「呲～～～」之聲。

如果你不確定鍋子是否夠熱，可以在鍋中滴入一小滴水，如果沒有發出滋滋聲，那就還不夠熱。

鍋子裝太滿

最容易讓鍋子失去美妙滋滋聲的，就是裝了太多食材。記住，如果不是煎，就不會有脆皮！

所以啦，食材要分批下鍋，確保每一批食材都能上色的金黃誘人！

食材測量不正確

你是不需要測量到微克才能做出成功的料理，但是必須投資為可以正確測量乾濕食材份量的量杯和量匙。

同時也要注意裝盛量杯量匙的方式。裝至高出杯緣的糖或麵粉絕對會比食譜指示的份量要多出不少。

反之，用刀子撥去高出量匙或量杯邊緣的食材。

太常翻動食物

懶人有福了！

烹調過程中在爐火或烤盤上太常翻動肉，會干預肉類表面形成漂亮脆皮。與其如此，不如安分地讓肉煎至食譜指示的時間。只要翻面一次，一次就好。

沒有使用肉類溫度計

肉類溫度計是新手主廚的最佳夥伴。

不要只以外觀評估熟度。投資一支優質數位溫度計，用來幫助烹調肉類到希望的熟度，而且很安全。

本章後面會討論更多如何使用溫度計。

所有的鹽都留在醃漬汁裡或裹粉上

醃漬汁或裹粉裡要加鹽，但是烹調前還是要直接在肉上調味，確保調味適量。

雖然高鈉飲食在西方很盛行，絕大多數的人卻沒有在食物中加入足夠的鹽（他們的鈉主要來自包裝食品）。

如果有什麼魔法調味料，那就是鹽。鹽一度非常稀罕而且價格高昂；鹽能夠增進各種食物風味。因此通則就是在你的菜餚中加入足量的鹽，然後好好享用吧。

沒有讓肉回溫至室溫

烹調直接從冰箱中拿出的牛排時，最後會煎出外表已熟但是裡面冷冰冰的肉。

為了讓完成品更美味，烹調前 15 至 30 分鐘從冰箱拿出肉，靜置回溫至室溫，讓熟度更均勻。（還有，處理蔬菜之前，記得要將同一片料理臺擦拭乾淨。）

使用劣質食材

使用長條管狀包裝的絞肉製作的料理，絕對不同於使用優質牛肉。同理，冷凍和罐頭蔬果與新鮮蔬果亦然。如果使用前者，你會非常訝異後者的味道好太多了。

記住，簡單的烹調技法需要優質的食材，才能打敗次級食材和花俏技法。

重點就是優質食材可以做出美味料理，因此購買你負擔得起的好食材吧。

飼養和種植方式會大大影響食物的品質，不過在烹調之前如何儲存食材也是完成品整體品質的關鍵。

繼續讀下去，看看該如何購買、存放和烹調各種不同類型的動物蛋白質吧。

如何選購、存放和烹調魚類
————

你或許聽過多次關於魚肉有多健康之類的話，不過讓我們來稍微回顧一下。

魚肉又被稱為「大腦食物」，因為熱量低、蛋白質含量高，而且最重要的是富含omega-3 脂肪酸，是身體所需卻無法自行製造的重要脂肪。

從食物中攝取足夠 omega-3 的主要好處，就是讓心臟更健康。

心臟病是全世界早逝最普遍的兩大元兇

之一，而 omega-3 被認為可有效預防心臟病。[1]事實上，一份研究超過 40,000 位美國男性的報告發現，每週吃一或多份魚肉者，患心臟病的機率低了 15%。[2]

觀察報告也顯示，吃魚的人出現認知退化的速度較慢，或許能預防阿茲海默症等可怕的疾病。食用 omega-3 也和孩童出現第一型糖尿病的較低風險有關，omega-3 是維他命 D 不足的保護因子，而且可降低女性罹患黃斑部病變風險的 42%。[3]

如果你是運動員，就更應該多吃魚類，因為攝取優質魚油可增加肌蛋白合成，減少肌肉痠痛，可避免體重變重等等。[4]

重點是什麼？你的飲食中需要 omega-3，而魚類就是攝取的極佳方式。

聰明選購魚類

購買魚類的首要考量，就是汞含量。

自然資源保護委員會（The Natural Resrouces Defence Council）提供下列方針，盡可能降低以魚類為主的飲食中攝取到的汞含量。[5]

最低汞含量
這些魚可以想吃就吃
鯷魚、肉魚、鯰魚、小螯蝦、黃姑魚（大西洋）、比目魚、黑線鱈（大西洋）、無鬚鱈、鯡魚、鯖魚（大西洋鯖、白腹鯖）、烏魚、海鱸魚、鰈魚、明太魚、鮭魚（罐頭或新鮮皆可）、沙丁魚、鯡魚（美洲）、龍利魚（太平洋）、吳郭魚、鱒魚（淡水）、白鮭、沙鮻

中等汞含量
這些魚類每月最多吃六份以下
鱸魚（銀花鱸魚、黑鱸魚）、鯉魚、眞鱈（阿拉斯加）、白姑魚（太平洋）、大比目魚（大西洋、太平洋）、銀漢魚、龍蝦、鬼頭刀魚、鮟鱇魚、鱸魚（淡水）、黑鱈魚、鰩魚、鯛魚、鮪魚（碎肉罐頭）、鮪魚（正鰹）、犬牙石首魚（海鱒魚）

高汞含量
這些魚每月吃三份以下
扁鰺、石斑、鯖魚（西班牙、海灣）、海鱸魚（智利）、鮪魚（罐裝金槍魚）、鮪魚（黃鰭鮪魚）

最高汞含量
避免食用這些魚類
大西洋馬鮫、旗魚、深海橘鱸、鯊魚、劍旗魚、馬頭魚、大目鮪魚、夏威夷鮪魚

除了依照汞含量選擇魚類，你會發現不同的魚標示「野生捕撈」或「養殖」。

雖然「野生捕撈」聽起來比較健康，科學上其實模稜兩可。

就營養方面而言，野生捕撈和養殖兩者之間幾乎沒有顯著的不同。例如野生捕撈的鱒魚比養殖鱒魚含有較多鈣和鐵，因此可提供更多維他命 A 和硒。然而養殖和野生捕撈虹鱒魚的營養幾乎完全一樣。

在許多例子中，養殖魚含有更我們稍早提到重要的 omega-3 脂肪酸。例如養殖的大西洋鮭魚就比野生捕捉的大西洋鮭魚含有更多 omega-3。

野生捕捉魚和養殖魚之間的污染物含量也較少被討論提及。

一份 2004 年的報告報導引起軒然大波：養殖魚的致癌物含量可能較同種野生魚更高。不過標題沒說的是，其中所含的化學物質含量還是低於危險標準 2%。

進一步的研究發現，養殖魚和野生捕撈魚含有的污染物程度不相上下。

養殖和捕撈對環境衝擊的議題也相當黑暗，因為兩者皆的做法皆不永續。由蒙特利水族館（Monterey Bay Aquarium）贊助的海鮮觀察計畫（The Seafood Watch Program，www.seafoodwatch.org）有許多關於對特定魚種的影響，是絕佳的資訊來源。

不論你購買的是哪種魚，選擇捕撈或養殖，務必牢記下列規則：

◆ 向聲譽良好的商家購買。比起大型連鎖雜貨店，具有極高聲望的當地魚市場較可能有優質魚類。

◆ 嗅聞測試魚。新鮮未冷凍的魚應聞起來有海水或小黃瓜的氣味。避免氣味強烈不怡人的魚。

◆ 選擇肉質有彈性的魚。可以的話，用手指按壓魚肉。新鮮的魚肉應該會彈回來。如果壓痕沒有彈回來，表示魚肉已經過了最佳狀態。

◆ 檢查魚肉上的液體。新鮮魚排若出現乳狀液體，是腐敗的徵兆。

◆ 檢視魚皮的品質。購買帶皮魚排時，鱗片應該光滑閃亮。不平整的鱗片或暗沉的外觀，表示已經放置一段時間。

如果無法購買新鮮魚類，在當地商家或網路上購買零售冷凍魚不失為另一個可行的辦法。

◆ 檢查是否有「船上急凍」（frozen at sea, fas）標示。這些魚捕撈上船後便急速冷凍，風味和品質都比加工時間較長的品項更好。

◆ 檢查是否有凍燒區域。白色脫水的區塊，或是肉眼可見的冰晶，都代表魚肉的水分流失，通常解凍再冷凍的跡象。

◆ 檢查防濕氣、防蒸氣的包裝。以此方式包裝的魚比過度包裝的魚肉更好。

聰明保存魚類

若想要在 24 小時內烹調買回家的魚，那這段時間隨便怎麼冷藏都可以。只要準備好，烹調後的魚就可以在冰箱內保存二至三天。

想要暫時存放新鮮的魚，可將整條魚或

整塊魚排鬆鬆地包起，跟大量冰塊放在一起，盡可能降低水分流失。

冷凍魚依照脂肪含量，可以保存二至三個月，甚至一年。

油脂豐富的魚，如鯖魚和鱒魚，最好不要冷凍超過三個月。較瘦的魚如鱈魚和比目魚，最多可以冷凍六個月，脂肪含量極低的甲殼類如龍蝦、蝦和干貝可以冷凍保存最多一年。

解凍冷凍的魚，將之放在冰箱，每 454 公克需 18 至 24 小時。若需要加快解凍，可將冷凍的魚放在流動清水下。

聰明料理魚類

魚的種類令人目不暇給，留給極簡主廚許多發揮空間，帶出牠們的口感和風味。

以下是烹調美味魚料理的簡易規則：

烤

以喜歡的方式調味後，放在塗油的烘焙紙上。不加蓋放入烤箱烘烤以 230°C 每 2.5 公分厚度烤 10 分鐘。

平底鍋煎

鍋中放入少量油或奶油，加熱至中等，或中高溫。魚兩面各煎 4 至 5 分鐘。

炙烤

烤架刷油，放在炭火或瓦斯烤架，蓋上蓋子。將調味過的魚放在烤架上，以直火將兩面（2.5 公分厚度）各炙烤 1 至 5 分鐘，或是用非直接熱度炙烤 15 分鐘。選用富含脂肪的厚切魚，或是用烤魚夾炙烤較小的魚，效果最佳。

水煮

調味過的魚放入平底鍋，倒入剛好蓋過魚肉的葡萄酒、水、魚高湯或牛奶。加蓋以微沸溫度煮 8 至 10 分鐘。水煮剩下的液體可作為醬汁基底。

微波

非不得已時，幾乎任何無骨魚排都可以微波。將魚切半，放入邊緣夠寬的可微波餐盤。加入少許液體，包上保鮮膜，戳幾個洞排出熱氣。以高倍率微波，每 454 公克需時 3 分鐘，烹熟後再加鹽。

如果你沒有太多時間而傾向準備豐盛大餐，混合下列材料，就是美味的魚肉調味料了：

> *1 大匙乾燥羅勒*
> *1 大匙切碎的迷迭香*
> *1 大匙巴西里*
> *2 小匙海鹽*
> *2 小匙磨碎黑胡椒*
> *1 小匙乾燥奧勒岡葉*
> *1 小匙蒜粉*

如何購買、存放和料理肉類

肉類富含蛋白質、鐵、鋅、維他命 B 群（包括 B12），還有其他營養素如肌肽和肌酸，有助於提升運動表現。

雖然研究顯示食用過多加工肉品可能導致健康問題，不過這點並不適用於自家烹煮的新鮮優質的肉類。

這個部分將幫助你把錢花在刀口上。

聰明購買肉類

購買肉類時，常識就是最大的規則：如果聞起來不對勁就別買。

而且肉類新鮮與否也很明顯可見。

例如最新鮮的紅肉應該呈現鮮紅色。

開始轉為褐色的肉，表示暴露在空氣中已有一段時間，應避免購買。真空包裝的肉若出現氣泡，跳過不買。

新鮮雞肉聞起來不應該有臭味，或是明顯碰傷或綠色斑點等明顯的腐敗徵兆。摸起來的感覺也應該是柔軟，而非黏手或帶粉感。

最「乾淨」、最沒有化學物質的肉類，可在當地肉品店、農夫市集、合作社購得，或直接向當地農人購買（他們常以相當實惠的價格販售牛、豬或其他動物的切分）。

聰明存放肉類

美國農業部提供下列安全的肉品存放守則：

◆ 生絞肉和禽肉應存放於5°C以下，不可超過一或兩天。若要存放更長的時間，直接冷凍。

◆ 生肉塊、肉排、肋排（牛、小牛、羔羊和豬）可放入冰箱冷藏3至5天。用不到的部分冷凍保存。

◆ 烹熟的肉類和禽肉冷藏保存不可超過3或4天。

如果將紅肉或禽肉放在冷凍庫，目的應該是要盡可能減少肉接觸空氣，否則會導致凍燒。

可以利用真空包裝，或是以保鮮膜或冷凍紙緊緊包起，再包上鋁箔紙放入夾鏈袋。如此處理，肉品可保存至少三個月。

要解凍冷凍的紅肉或禽肉，將整包肉置於冷藏庫24至48小時（體積較大或大切塊烤肉可能要更久）。如果放在流理臺上解凍，會讓肉的外層先解凍，吸引細菌，而肉的內部卻仍呈冷凍狀態。

聰明料理肉類

許多烹煮魚的方法也適用於禽類和紅肉，不過烹調時間和溫度當然需要調整。

紅肉

紅肉的烹調方式有兩種：

乾式加熱和濕式加熱。

乾式加熱包括下火炙烤、上火燒口、煎、烘烤、翻炒。

濕式加熱包括蒸、水煮、燉、慢煮、紅燒、悶煮。

就一般的規則而言，烹煮肉質細嫩的牛排時，會使用乾式加熱法，烹調時間也較短。

比起牛排，烘烤用的大塊肉含有較多膠原蛋白，需要較長、時間較久的濕式加熱法，以便融化這些結締組織，烹調出口感更柔軟的菜餚。

禽類

上述所有烹調法都適用於特定切法的禽類。

以全雞為例，比起買已切好的雞胸更划算，不過整隻雞需要較長的烹調時間。

反之，薄薄的雞胸排必須小心控制火候，以免變得乾柴。

別忘了肉類溫度計

還記得本章稍早提過，使用好的肉類溫度計有多麼重要嗎？

這個訣竅重要到值得自成一個段落了。

肉類溫度計該放在哪裡？

想像你有一塊牛排，一邊厚一邊薄。

如果你把牛排放在烤架上 20 分鐘，然後插入肉類溫度計，或許你會發現薄的部分比厚的部分更快熟。

溫度計之於你的食物非常重要，不過溫度計放對位置也非常關鍵。

禽類

如果烹調全雞或火雞，溫度計要插入大腿內側靠近雞胸處，但不可碰到骨頭。如果雞有填塞餡料，那就測量餡料，確保溫度達到 74°C。如果單獨烹調雞胸，測量雞胸最厚的部分即可。

牛肉、豬肉和羔羊

溫度計插入肉最厚的部位，但不可碰到骨頭、脂肪和軟骨。

絞肉

如果菜餚中使用絞肉或禽肉，像是美式肉餅（meatloaf）或焗烤（casserole），溫度計插入菜餚最厚的部分，但不碰到容器。也可以從肉餅側面插入溫度計。

料理的溫度該多高？

插入肉類溫度計後（完成料理後，或是當你使用可烘烤溫度計，能和料理一起進烤箱），目標是下方表中列出溫度：

讓肉休息

如果急著將菜餚從火爐、烤箱或烤架放到餐盤、送入口中，你就會錯過濕潤柔軟的口感。

這是由於烹調過程中，肉汁會被推往肉的內部，使得剩下的部分又乾又硬。不過若讓肉靜置數分鐘，鎖在中央的肉汁就會往邊緣流，為肉塊「重新增添水分」。

美國農業部建議的最低內部溫度	
牛、豬、小牛、羔羊、牛排、烤肉和肋排	63°C
魚	63°C
牛、小牛、羔羊絞肉	71°C
蛋料理	71°C
火雞、雞和鴨，整隻、切分和絞肉	74°C

牛排熟度	離火溫度	烹熟溫度
三分	52°F	54°C
五分	57°F	60°C
七分	63°F	66°C
全熟	68°F	71°C

食物調味的極簡守則

如果你曾經吃過一口平淡無味的雞胸肉，你就知道沒有調味的肉實在沒什麼好大書特書的。

即使僅是簡單撒點鹽和現磨黑胡椒，都能讓一塊優質紅肉從平淡無奇變得出色美味。

不過你還能做更多，簡簡單單就讓肉變得更好吃。

鹽

多年來，我們不斷聽到關於要少吃鹽這檔事。

事實上，我們的集體鹽焦慮是從 1900 年代早期開始，當時法國的醫生提出，他們的六位高血壓的患者也吃高鹽飲食。

到了 1970 年代這份恐懼更加劇，因為布魯克海文國家實驗室的路易斯·達爾（Lewis Dahl）每天餵食老鼠 500 公克的鈉，導致老鼠高血壓（要比較的話，美國成人每天平均食用 3.4 公克的鈉）。

達爾也認為，日本等高鈉飲食的國家，高血壓和中風的機率也較高。

他的發現以及一般人對鈉的恐懼卻開始撥雲見日。新的研究指出，這個元素可能不如人們過去所相信的如此有害。

開端是一份 2003 年出版關於鈉的廣泛研究文獻，其結論是「長期減少鹽的攝取並無明顯好處」。

八年後，一份包含超過 6,250 位受試者的整合分析也支持這些發現，結論是沒有任何證據支持減少攝取鹽可以降低心臟病、中風，或是普通或高血壓死亡的風險。

2015 年更進一步的研究發現，攝取「較低」的鈉，反而可能有更大的風險會和死於心臟病有關。

因此，你應該注意鹽的份量嗎？真的需要減鈉，幫助你降低高血壓、中風和心血管疾病的風險嗎？

雖然這方面的科學尚未明朗，不過我們可以確定的是，鈉是人體運作的必需物質。鈉可以結合全身的水，帶著水分到任何需要的部位，調節細胞內外的液體平衡。

我們也知道，這些與基因和文化因素有關係。有些人天生就比其他人對鈉更敏感。

重點如下：

只要你不吃大量半成品和／或高度加工的食品，也沒有對入口的每一餐有怪異的高鹽量執著，那麼實在不太可能落得和鈉有關的疾病的下場。

現在釐清這部分，讓我們來聊聊鹽和料理吧。

如你所知，鹽就是你的廚房中最重要的調味料。一小撮鹽就能帶出魚和肉的風味，也能與其他各種搭配的調味料相得益彰。

你應該嘗試各種不同類型的鹽。

猶太鹽、海鹽、精鹽都有一絲不同的風味，可以應用在許多不同的烹調法上，包括滷水、乾擦，還有調味。

加鹽的時候要少量多次。流理臺上放一碗鹽，在烹飪過程中的每個階段都加入少許。

例如你要煮一道暖心的湯品，每在鍋中加入一樣食材，就加入少許鹽（除非你加入鹹味食材如培根或酸豆）。

那如果不小心加多了呢？

沒問題。加入少許鮮奶油或無鹽奶油就

能讓風味變得溫和。有些主廚認為茉莉雅·柴爾德（Julia Child）的訣竅很有用，就是在料理中刨一些生馬鈴薯，小火微沸7至8分鐘，任其吸收鹽份，然後撈出馬鈴薯。

食物中的鹽味也會隨著菜餚上桌久放或溫度改變而變化。例如火腿，冰涼上桌的火腿吃起來比溫熱的火腿更鹹，因為冷的食物本來鹹味就會比較明顯。因此為火腿料理加鹽時，就要取決於食譜，以及最後食用的方式。

同理，你可能會發現從冰箱拿出的剩菜味道和剛做好的那一天不同。事先加鹽的食物味道可能會變得較溫和，而其他調味搭配則可能讓感官感覺鹹味增加了。無論哪個例子，最好都先嘗嘗你的剩菜決定是否加鹽，然後再食用。

專業主廚從距離鍋子25至10公分上方撒鹽也是有原因的：這是將加入的鹽視覺化的絕佳方式，也能讓鹽更均勻地分布在菜餚中。

酸

如果你還記得高中的化學課，就會知道酸和鹼位於 pH 值的兩端。酸就是容易失去氫離子的分子，在料理中則帶來酸味、刺激感、明亮或尖銳的味道。

專業主廚使用醋、檸檬汁、萊姆汁等，為鹹味或甜味料理增色。

例如燉牛肉，加入少許紅酒醋或許會有好處，而在水果沙拉中加入檸檬汁則能突顯甜味。

在某些例子中，酸甚至可以用來「烹熟」食物，因為酸有能力改變蛋白質的結構。

傳統的祕魯醃生魚（ceviche）利用新鮮萊姆汁烹調海鮮，而醃蛋則因為醋中的酸，也被視為「烹熟」，即使在料理中完全沒有用到熱度。

酸最常見的用法，就是在食物裝盤的時候。料理完成烹調後，淋上少許檸檬汁，絕對會讓美味更上一層樓！

醃漬汁也從酸得到不少好處。如果你只在硬梆梆的肉塊上拍些調味料，這些風味大概不會太入味。不過若放入加有醋、番茄汁或柑橘汁之類的酸性醃漬汁，改變蛋白質的作用就能幫助你的肉塊更入味，調味料不會只留在表面。

酸在油醋醬中也是用途絕佳。與其購買市售沙拉醬汁，不如自己做：一份醋，三份油，然後加入喜歡的香料或調味料就完成了。稍微調整比例，改變添加的調味料，就擁有無限的可能性。

在食譜中加入酸需要很小心，但是別過度擔心。如果不小心加多了，可以視食譜類型，加入糖或油平衡風味。

辛香料和調味料

辛香料和調味料的選擇種類多不勝數，就像世界上有各式各樣的料理。每一種辛香料組合，都表示同一組合的食材，可能有完全不同的表現機會。

就拿炒雞胸肉和甜椒為例吧。只要加入不同的辛香料和調味料，這道料理的風味可以是亞洲風、牙買加煙燻風，甚至義大利風。

試著做個實驗，加入新鮮、磨碎、完整辛香料，盡可能創造出各種風味：

- 「溫暖」風味：小荳蔻、肉桂、肉豆蔻、咖哩、薑黃
- 「熱辣」風味：黑胡椒、紅辣椒片、卡宴辣椒、是拉差辣醬、塔巴斯科辣醬
- 「青草」風味：羅勒、巴西里、鼠尾草、迷迭香、龍艾蒿、薄荷、百里香
- 「辛辣」風味：大蒜、蒜粉、洋蔥粉、青蔥、芥末、辣根
- 「柑橘」風味：薑、柳橙皮絲、檸檬皮絲
- 「煙燻」風味：其波雷辣醬（chipotle）、辣椒粉、煙燻鹽、培根丁
- 「堅果」風味：核桃、芝麻、黃豆、胡桃、開心果
- 「香甜」風味：糖、糖蜜、楓糖漿、蜂蜜

也要注意「死掉」的香料植物，記得定期檢查使用期限，過期就換掉。你也可以快速聞一下就知道是否還能用。沒有氣味就沒有風味，等於在食物裡沒有味道。經驗法則告訴我，如果有疑問，丟掉就對了。

如果你想要最優質的辛香料和香料植物，自己種最好。

例如羅勒、百里香、迷迭香和薄荷都能輕鬆種在廚房窗邊，採摘後要像鮮花一樣冷藏保存：修剪莖部，垂直插在水瓶裡，然後用塑膠袋套住。

料理過程中加入辛香料和香料植物的時機同樣重要。

新鮮香料植物如羅勒、龍艾蒿、巴西里和奧勒岡很纖細脆弱，應該在料理完成、食用前加入。乾燥香草則較濃郁，在烹調過程中可以散發香氣，所以料理一開始就要加入。

結語

本章對於稱為「極簡」指南的東西似乎顯得很龐雜，但是你大概學到了 20% 的料理訣竅，可以烹煮出 80% 的完成品。

在實作中加入這些訣竅，你可能會意外發現料理變好吃了。

不時複習本章，直到這些內容成為你的反射動作，屆時你就是嶄新的大廚了。

廚房的必先利其器

「我喜歡日式刀，我喜歡法式刀。只要鋒利就是好刀。」
——沃夫甘·普克（Wolfgan Puck）

設備充足的廚房其實所需不多。一組好刀和好鍋子是最重要的。花俏的攪拌器、製麵機之類的則非必要。

只要有刀子，你就不需要食物調理機或壓蒜器。平底鍋也可以當成肉鎚和烤盤。

購入你能負擔的刀子和鍋具中品質最好的，它們絕對不會讓你失望，不僅功能更好，也能使用更久，長期看來反而省錢呢。

刀具

你可以到當地的大賣場，選擇基本的刀具組。連專業大廚都不需要十支以上的刀子才能讓廚房運作。

先從購物清單開始吧：

- 5 至 8 公分的水果刀，用來削水果皮和切小型蔬菜。
- 13 公分去骨刀，用來幫肉去骨。
- 20 公分主廚刀，什麼都可以切。
- 25 公分鋸齒刀或麵包刀。

至於材質，絕大多數的刀具都是不鏽鋼。

法式刀較軟，因此較容易磨利，但是也較脆弱易受損。德國公司使用較硬的鋼，刀子因此較難磨，但是較不容易老舊變形。

日式刀也是以硬度極高的鋼製成，重量較輕，通常也是最漂亮的。

至於品牌，我喜歡 Wusthof、Shun，以及 Global。這些品牌並不便宜，但是做工出色絕倫。

正確使用研磨和磨刀是保養刀具、延長其壽命的一部分。

太常磨刀會讓刀磨損。太少磨刀則會讓刀子變鈍而需要更用力切，這點很危險。

還有，絕對不要用洗碗機洗刀子（或是任何切割用的刀具），刀子會變鈍。要用手洗。

你可以測試刀子的銳利度：一隻手用兩根手指捏住紙張的一角，另一隻手拿刀，試著從紙張其中一邊切開紙。如果刀子切開紙張，代表刀子夠利，反之則不夠鋒利。

如果你用適當的砧板（很快就會提到），而且每次使用後都研磨，每三至六個月磨刀一次就足夠了。

如何研磨刀子

刀子的邊緣非常薄，可能會隨著使用而彎曲變形。

這些瑕疵會讓刀鋒變鈍，因此你應該用磨刀棒讓邊緣變利，讓刀子回復到適當的直線，再度變得鋒利。

要研磨刀子，首先你需要磨刀棒。從你選購的品牌買磨刀棒。

以下是簡單的圖解，讓你知道該如何研磨刀子：

動作很簡單：

 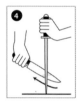

1. 以非慣用手握住磨刀棒，末端朝下，就像滑雪杖。
2. 刀鋒根部（鋒利邊緣與握把連接處）以角度 20 度靠著磨刀棒上端。
3. 沿著磨刀棒拖曳刀子，動作有如畫一道弧線，讓整個刀鋒保持 20 度貼緊磨刀棒。
4. 研磨刀子的另一邊，將刀子靠著研磨棒，重複畫弧線的動作。
5. 兩邊各研磨 2 至 3 次。

磨刀

磨刀和研磨不同。

隨著時間過去，切割和研磨都會讓金屬老舊，不再鋒利。不僅如此，有些彎曲變形可能會變得越來越不可逆。每 3 至 6 個月就要磨刀，以矯正這些問題。

你可以手工磨刀，或是電動磨刀。手工磨刀需要磨刀石和許多技巧。因此我建議電動磨刀。

砧板

談完刀具，我們也應該談談砧板，因為砧板也相當重要。

適當的砧板能讓刀鋒保持鋒利，而且要能夠抗深切痕和抗霉。砧板也要夠大，才能符合各種食物的切和剁，而且要夠厚重，才會穩當。

我最喜歡的兩種砧板分別是木製和聚丙烯材質。

好的木頭砧板漂亮又好切，而且非常抗切痕。聚丙烯砧板較便宜，也較容易留下切痕，不過也相當好切。

如果選擇木製砧板，每三至四週要上一次油，避免發霉，預防變形裂開。我建議 Howard's Butcher Block Oil，是加入維他命 E 穩定的食用級礦物油。

鍋具

一如刀具，你不需要滿櫃子的燉鍋和平底鍋。

反之，你需要的是幾只精挑細選的鍋具，讓你可以隨心所欲地烹煮，並且讓所需的烹調技法效果更佳。

我以下列標準判斷廚具優劣：

溫度控制。它們對溫度改變是否敏感？

保留和散發熱能。它們保溫的效果有多好？在烹調表面散發的熱能是否均勻？

鍋柄隔熱。鍋柄會變得多熱？如果沒有

隔熱處理，將鍋中內容物倒入別的容器時，記得使用毛巾或鍋柄隔熱套。

鍋蓋密合度。鍋蓋蓋得多緊？是否可密封住汁液？

價格。是否負擔得起？

一般而言，以下是辨別好鍋具的方法：

厚實，可以穩穩放在爐子上。

導熱和保溫效果好，對溫度變化敏銳。

堅固、防燙的安全鍋柄。

鍋蓋拿起來很順手。

這些鍋子基本結構多為鋁或銅，內裡為不鏽鋼。許多主廚偏好銅鍋，因為加熱和降溫都快速。

至於品牌，我偏愛 All-Clad。

以下是你應該投資的四種鍋具。

鑄鐵平底鍋

每個廚房都需要一只好用的鑄鐵平底鍋。平底鍋非常適合煎和烤肉，還有醬汁收汁。

傳統的鑄鐵平底鍋（例如非不沾鍋）特別適合煎和製作醬汁，因為食材會在鍋底留下褐色香脆的碎片。

你也會想要一只不沾鑄鐵平底鍋，用來烹調棘手、容易碎裂的料理，如熱炒類、鬆餅、魚、蛋料理。

我最喜歡的不沾鍋是事先處理過的鑄鐵，像是 Le Creseut（昂貴）或 Lodge（不貴）推出的鍋具。

你可能會想，鑄鐵笨重又難用，不過每家餐廳的專業主廚使用鐵鍋是有原因的。

鑄鐵非常強壯，強壯到幾乎不可能壞掉。

鑄鐵鍋不含一般不沾鍋會有的有毒化學物質，這些化學物質受熱時會釋放到食物和空氣中。

鑄鐵鍋加熱均勻，保溫效果極佳。

若食譜有需要，鑄鐵鍋可以從爐子直接進烤箱。

鑄鐵鍋非常適合慢燉、嫩煎、烘烤，因為整個表面包括側面都均勻加熱。

它們也非常適合肉或魚先煎上色後放入烤箱。

單柄湯鍋

單柄湯鍋的尺寸和形狀非常適合各種廚房工作。

它們占的空間不多，適合煮米、醬汁、蔬菜、肉汁、奶油醬汁、布丁和其他許多食物。

我建議購買兩種尺寸：2 夸脫（編按：1夸脫為 0.95 公升），適合烹煮容易沾黏的食物；另一個 3 至 4 夸脫的煮醬汁和蔬菜。

深湯鍋

烹煮較大的食材，如龍蝦、煮大量義大利麵和玉米，以及烹調自製醬汁和高湯時，就輪到深湯鍋上場了。

記住，對深湯鍋而言，越重功能也越好，蓄熱性較佳，而且比較不容易糊底燒焦。

至於尺寸，我認為約 12 夸脫最好用。這是「最小」的深湯鍋，但是又足以用來製作絕大多數需要深湯鍋的料理，而且又夠小，能和其他鍋具一起收納在櫃子裡。

烤盤

整頓收納烤盤的櫥櫃可能是一項挑戰，因為不同類型的烘烤需要不同類型的烤盤。

你可以避免極少用到的烤盤，購買多重功能的鍋具烤盤，減少櫥櫃負擔。

我的烤盤櫥櫃中有以下基本烤盤：

◆ 23×33 公分烤盤。可以是玻璃、陶瓷和金屬材質，能用來烤蛋糕和棒類甜食，或是燉菜、焗烤和肉。

◆ 方形烤盤。選擇 20×20 公分和 23×23 公分。

◆ 淺烤盤。買兩個，選購商用品質鋁和鋼材質。不沾烤盤較容易耗損，而且深色烤盤也會讓烘烤的食材加熱過快。

如果你打算製作某些料理，那麼也可以購入專為這些料理設計的烤盤：

◆ 馬芬烤盤。如果你不常烤馬芬或杯子蛋糕，那就選擇紙製舒芙蕾烤杯取代，騰出收納空間。

◆ 塔派烤模。我建議直徑 23 或 25 公分的玻璃或陶瓷烤模。如有需要，較深的塔派烤模很適合較多餡料的料理。

◆ 圓形蛋糕模。再次推薦直徑 23 或 25 公分的模具。如果經常烘烤多層次蛋糕，可投資一組蛋糕模。

◆ 23×13 公分長方形烤模。選購可烤蛋糕、麵包、美式肉餅等料理的多用途烤模。

你可能會發現我沒有提到矽膠烤模，算是相當受歡迎的不沾烤模。

這種烤模的問題在於導熱性差（因此烤出來的食物幾乎都不會上色），而且容易留下刮痕。選擇金屬、玻璃或陶瓷烤盤，效果最佳。

廚房用具

有了主要工具後，現在讓我們來看看其他附加的工具，如果適合你的生活方式和預算，或許很值得購買。

電子秤

食物秤不僅可以精確秤量食材，也能幫助你避免人們在飲食法中犯的絕大多數錯誤——低估自己實際吃下肚的份量。

如我之前提過，如果你只用雙眼評估食物和份量，你絕對會吃下比自己估算的更多熱量。

食物秤可以讓料理完全按照食譜進行，並且符合你該攝取的巨量營養素和熱量目標。我喜歡電子秤，因為任何東西都能放進同一個碗裡，只要每加入一個食材之後歸零即可。

量杯和量匙

選擇金屬或玻璃材質。塑膠材質時間久了會磨損，讓測量較不精確。

食物調理機

任何能夠切碎、攪打或切絲的食材，都可以用食物調理機完成。

你可以把沙朗變成絞肉，麥片變成麥粉，

鮮奶油變成奶油，杏仁變成堅果醬，冷凍香蕉變成美味的仿冰淇淋。

你甚至可以利用食物調理機製作義大利麵和甜點麵糰呢。

削皮刀

選擇直式削皮刀，削起皮來順手多了。

肉品溫度計

不夠熟或過熟的肉足以毀掉整道菜餚。

這就是為何我大力推薦你使用肉品溫度計。這是確認肉類料理熟度恰到好處最簡單也最可靠的方式。

關於肉品溫度計，你有兩大主要選擇：

◆ 電子肉品探針溫度計。將這類溫度計插入肉品，20 至 30 秒內，就會出現肉品溫度的數位顯示。類似的選擇還有上下擺動的指針式溫度計，但是較不精準。

◆ 烤箱式肉品溫度計。這類溫度計有電子和指針式兩種，可放入烤箱使用，專為烘烤全程插在食物上設計。甚至還有一些科技很先進的類型，像是有警示聲響、可設定的計時器，還有與智慧型手機連線的顯示功能呢。

我不覺得有必要購買高級的藍牙溫度計，因此我選擇最簡單的電子探針溫度計。

刨刀／Microplane

雖然嚴格說起來，Microplane Company 是一家公司的名稱，不過 microplane 一字已經泛指各種細長型像銼刀、

有把手的刨絲磨碎器。

無論你選購哪個品牌，都可以用這種廚房工具刨磨乳酪、柑橘、辛香料等等。

選擇刨刀時，首先檢視把手是否穩固、與刀片牢牢結合。如果你主要刨辛香料，那就選擇細齒；如較常刨乳酪，那就選擇粗齒類型。如會用在多種不同食物上，多面的箱型刨刀或許是最適合你的選擇。

慢燉鍋

樸素的慢燉鍋是許多主廚的好朋友，因為沒什麼比一大早混合大堆食材丟進鍋子裡，晚上回家時就有一鍋美味晚餐更簡單的事了。

不過不是所有慢燉鍋都一樣。你需要知道以下幾點：

燉鍋容量

慢燉鍋的容量以夸脫計算，從 2 至 8 夸脫的尺寸皆有。依照你打算烹煮的食物份量選購。2 至 3 夸脫的慢燉鍋很適合 1 至 2 份；3 至 5 份則需要 4 至 6 夸脫的容量；5 份以上則需要 6 至 8 夸脫（或更大）。

溫度控制

手控慢燉鍋有簡單的轉盤式設計可以設定溫度（通常為低、高、保溫）就沒有其他太多選擇。而電子慢燉鍋通常可以讓你設定確切的烹調溫度，排定烹煮時間，甚至烹調過程中的不同溫度。

可取出式內鍋

有可取出式內鍋的慢燉鍋比一體成型的更容易清洗。

三 早餐 三

培根生菜番茄班乃迪克蛋 68

脆皮義式玉米方塊佐溫熱藍莓醬 69

鮭魚蘆筍歐姆蛋 70

酪梨蛋早餐三明治 73

番茄嫩蛋早餐烤乳酪 74

難以抵擋火腿烤乳酪 75

墨西哥煎蛋玉米餅 76

加勒比海香料麥片優格 78

高蛋白香蕉麥片蛋糕 79

藍莓香蕉綿密果昔 80

肉桂香料地瓜鬆餅 83

椰香夏威夷果仁法式吐司 84

杏仁醬香蕉果昔 85

近年來，
早餐是最受爭議的一餐。

有些「專家」說，早餐是保持健康和預防體重增加的最重要的一餐，有些則聲稱不吃早餐事保持精瘦健康的不二法門。

科學研究指出兩者皆有利弊。例如一份由哈佛公眾健康學院的科學家主導的報告發現，習慣不吃早餐的人，患心臟病或死於心臟疾病的風險高出 27%[1]。另一個發現是，不吃早餐和體重增加的風險有關[2]。

另一方面，阿拉巴馬大學科學家主導的報告包含一份大規模的研究文獻，結論是不吃早餐對體重增加的影響極小，或是沒有影響[3]。事實上數據顯示，比起不吃早餐者，吃早餐者較容易攝取更多熱量。

所以究竟是怎麼一回事？不吃早餐對減重有益還是有害呢？還是無論如何都沒有影響？

然後還有健美圈子引起與身體組成有關的新說法。

若進入這個圈子，會聽到「飢餓模式」、肌肉流失、新陳代謝受損，但是這些恐慌究竟合不合理？不吃早餐真的會有損肌肉生長和代謝健康嗎？

讓我們來瞧瞧。

關於不吃早餐和減重的真相
——

讓我們以前面提過的哈佛研究為這個段落起頭。

首先跳出的第一件事，就是吃早餐和不吃早餐者之間的差異，不吃早餐者通常在當天稍早後會更飢餓，晚上也吃更多。

晚上吃東西本身並不是個問題，但是研究顯示，跳過一餐可能導致過食，增加整體能量攝取[4]。也就是說，幾餐不吃的人比起乖乖吃三餐的人，容易吃下更多熱量。

過食會導致脂肪增加，過重的人得心臟病的風險也因而增加。因此，不吃早餐和心臟問題與心臟疾病的機率增加之間可能有關聯但是這不代表這是必然的關係。

這份報告的主要作者莉雅‧卡希爾（Leah Cahill）簡單下結語：

「不吃早餐也許會導致一、兩個風險因子，包過肥胖、高血壓、高膽固醇，以及糖尿病，因而長期下來導致心臟病。」[5]

了解這一點後，現在讓我們來看看阿拉巴馬大學的報告。

研究人員發現，只有極少數徹底執行的嚴格報告測試吃早餐與不吃早餐的影響。

不僅如此，還必須追溯至 1992 年才能找到唯一一份仔細控制的長期實驗，這份實驗隨機分配人們為吃早餐與不吃早餐組，然後測量對於體重的影響。

這份1992年的研究由范德堡大學（Vanderbilt University）的科學家執行，顯示無論是否吃早餐，對於降低體重並沒有顯著影響[6]。重要的並非吃早餐習慣，而是整體的飲食習慣和方式，這也不過是印證了新陳代謝專家數十年來一直告訴大家的重點。

我們可以從許多間歇性斷食飲食法的研究中找到大量支持這些發現的論點。

如果你不熟悉間歇性斷食法，這是一種照固定時間表進食或不進食的飲食法，其中特別注重不進食，也就是斷食的部分。

正常的飲食會在每幾個小時就吃一次東西，例如早上八點直到晚上九點。每天你間歇性進食的時間為13小時，不吃東西的時間約為11小時。

而間歇性斷食則是將這個模式顛倒過來。

你會間歇性地進食，比方說8小時好了，然後大約16小時不吃東西。例如你可能會在下午一點開始吃，晚上九點停止，直到隔天下午一點之前都不再吃東西。

現在你可以想像，許多間歇性斷食的法則包含不吃早餐。而研究顯示這和傳統飲食形式一樣可行健康[7]。

那些關於不吃早餐會讓你的代謝下降的說法呢？

無稽之談。

2014年發表的一份精心設計的實驗中，巴斯大學（University of Bath）的科學家發現，體脂肪正常的健康成人，無論是否吃早餐，對於靜止代謝率都沒有影響[8]。

事實上，一份研究發現，除非60個小時都不進食，否則代謝率並不會下降，而且僅會減少8%[9]。不同於大眾的迷思，研究顯示不進食後的36至48小時，新陳代謝竟然還變快了[10]。

因此重點就是：如果你喜歡吃早餐，那就應該吃早餐；如果你沒有吃早餐的習慣，不吃也無妨。

許多和我一起工作的人很喜歡吃早餐，因為他們享受早餐食物。其他人則認為一頓暖心的早餐可以幫助他們控制一整天的飢餓感，因此有助於預防過食。還有一些人覺得吃早餐讓他們活力充沛。

反之，許多人不愛吃早餐，因為他們不喜歡一般的早餐食物，或是他們比較喜歡斷食至中午。有些喜歡「保留」熱量配額，吃更豐盛的午餐或晚餐，或是豐盛的兩餐。

兩組人最後都很健康有活力。

健美也能不吃早餐嗎？

許多健美人士，以及想要打造肌肉增加力量的人，都很害怕不吃早餐會拖累他們的進度。這份恐懼深植在流傳已久、「不吃東西就會流失肌肉」的單純想法中。

這個嘛，並非全然沒有道理。如果太長一段時間不吃東西，身體就會分解肌肉組織以獲得能量[11]。

只是很多人不知道要多久不進食，才會引發此效應。

一份報告發現，在斷食16小時後，分解肌肉組織獲得的胺基酸負責維持50%的血糖，而斷食至28小時則達到100%[12]。

這就是為何為運動員和健美人士設計的間歇性斷食規則，並不會讓他們超過 16 小時不進食。

更甚者，這也是為何精心設計的斷食規則建議，斷食前的最後一餐最好選擇富含消化速度慢的蛋白質，如酪蛋白或蛋。

這點的目的在於提供身體大量胺基酸，身體就不必分解肌肉組織。反之，身體還能利用這些蛋白質提供的胺基酸，會在進食後維持效用數小時。

這些可以簡化成下列結論：

許多間歇性斷食包含不吃早餐，研究顯示健美人士進行間歇性斷食和傳統包含早餐的飲食，結果都一樣好[13]。

所以，這點說穿了可以歸結於個人的飲食偏好。

結語

一句老話說的確實不假：能夠堅持做下去的飲食和訓練法，就是最好的方法。

無論多麼精心設計飲食法或健身課表，如果不適合你的生活方式，那麼最好另外找出一個適合的選擇。

例如，計畫和追蹤熱量攝入減肥是最有效也最可靠的方法，但是有些人無論如何就是受不了這一套。

這些人不應該完全忽略能量平衡的事實，不過應該專注在建立良好的飲食習慣，亦能帶來減重效果。

同樣道理也適用於吃不吃早餐一事。

如果不吃早餐能幫助你更加維持飲食習慣，那就不要吃。如果沒有幫助，那就吃早餐。

只要整體建立起適合的飲食，無論如何都不會出錯。

培根生菜番茄班乃迪克蛋

1 份｜準備時間 15 分鐘｜烹調時間 15 分鐘

575 大卡｜33 公克蛋白質｜62 公克碳水化合物｜24 公克脂肪

你或許聽說蛋會增加「壞膽固醇」含量，或是增加心臟疾病的風險，但是較近期的報告完全推翻這些長久以來的說法 [14]。

蛋是為飲食加入蛋白質最便宜的方法，健康又美味。

芥末荷蘭醬

美乃滋 1 大匙

水 ½ 大匙

芥末籽醬 1 小匙

檸檬汁 ½ 小匙

磨碎的卡宴辣椒粉一小撮

班乃迪克蛋

白醋 1 大匙

特級冷壓初榨橄欖油 ½ 大匙

加拿大培根 28 公克，切丁

小洋蔥 ½ 個，切薄片

切碎的羽衣甘藍（去梗）4 杯

現磨黑胡椒，依個人喜好

全麥英式馬芬 1 個，剖開

番茄 2 片

大型蛋 2 個

1 製作醬汁：美乃滋、水、芥末醬、檸檬汁和卡宴辣椒粉放入食物調理機，攪打至滑順。醬汁倒入小碗備用。

2 烹調蛋。大湯鍋中準備約 7.5 公分深的水。倒入白醋，以中溫煮至微沸。

3 同時間，以中高溫加熱不沾鑄鐵平底鍋，熱油。煎炒加拿大培根和洋蔥，不時翻動直到呈金褐色，需時約 4 分鐘。平底鍋離火，拌入羽衣甘藍至綠葉轉熟，約 2 分鐘，然後以鹽、胡椒調味。

4 烘烤剖半的英式馬芬至略呈金黃色。裝盤，兩塊馬芬接擺上番茄片和培根羽衣甘藍。鍋子放入烤箱保溫（烤箱保持關火）。

5 蛋分別打入馬克杯，然後倒入微沸的水。煮約 3 至 5 分鐘，煮到喜歡的熟度後，以濾勺小心取出蛋。水煮蛋放在英式馬芬上，淋荷蘭醬，即可享用。

脆皮義式玉米方塊
佐溫熱藍莓醬

4 份｜準備時間 15 分鐘，加上 45 分鐘讓玉米塊定型｜烹調時間 20 分鐘

467 大卡｜蛋白質 27 公克｜碳水化合物 72 公克｜脂肪 8 公克

水 3 杯

2% 牛奶 3 杯

鹽 2 小匙

黃色粗粒玉米粉 1¾ 杯

香草高蛋白粉 3 勺

新鮮或冷凍藍莓 2 杯

蜂蜜 1 小匙

特級冷壓初榨橄欖油 2 小匙

香蕉 1 根，去皮切片

1 大型萬用鍋放入水和牛奶，以中高溫煮至沸騰。加入鹽，逐次倒入玉米粉，不斷攪拌。

2 關小火，煮至整體變稠，玉米粉變軟，不時攪拌，約需時 10 至 15 分鐘。離火。加入高蛋白粉，攪拌至沒有可見的疙瘩。玉米糊倒入 20×20 公分烤盤，放入冰箱冷藏凝固，約需時 30 至 45 分鐘。牛奶玉米糊凝固後，切成 5×5 公分見方。

3 製作藍莓醬：藍莓和蜂蜜放入攪拌機，攪打約 1 分鐘至滑順。

4 取大鍋，以中高溫熱油。分批放入玉米塊煎至上色，每面各煎約 2 分鐘，然後取出放入盤中。

5 藍莓醬倒入鍋中，以中高溫加熱，不斷攪拌。將熱燙的藍莓醬淋在玉米塊上，並擺上香蕉片即完成。

鮭魚蘆筍歐姆蛋

1 份｜準備時間 10 分鐘｜烹調時間 10 分鐘

560 大卡｜蛋白質 64 公克｜碳水化合物 13 公克｜脂肪 28 公克

特級冷壓初榨橄欖油 2 小匙

小洋蔥 ½ 個，切丁

蘆筍 2 根，切成 2.5 公分長

大西洋鮭魚排 1 個（170 公克），
　　切成 2.5 公分見方

大蒜 1 瓣，切碎

去核卡拉馬塔橄欖 3 顆，切片

酸豆 1 小匙

羅馬番茄 1 個，切丁

鹽、現磨黑胡椒，視個人口味

全蛋 2 個，略微打散

蛋白 4 個，略微打散，或以 ¾ 杯蛋
　　白液取代

1 橄欖油倒入中型不沾鍋，以中高溫加熱。放入洋蔥和蘆筍，翻炒 2 至 3 分鐘。加入鮭魚煎炒使每一面上色。加入大蒜、橄欖、酸豆和番茄，繼續翻炒 1 分鐘。

2 鹽、胡椒、全蛋和蛋白加入鍋中。不斷攪拌約 1 分鐘，讓歐姆蛋邊緣上色。用刮刀小心將歐姆蛋翻面，續煎 30 秒。立即享用。

酪梨蛋早餐三明治

4 份｜準備時間 15 分鐘｜烹調時間 15 分鐘

289 大卡｜蛋白質 16 公克｜碳水化合物 29 公克｜脂肪 13 公克

酪梨可能有助於減重。酪梨不僅是健康油脂的來源，也充滿纖維。這就是為何有研究報告發現：比起午餐沒有包含酪梨者，午餐食用酪梨的實驗參與者，感覺他們的午餐「飽足感增加 23%，接下來 5 小時的食慾降低 28%」。[15]

酪梨的鉀含量比香蕉更高。一般人普遍沒有攝取足夠的鉀，這和高血壓、心臟病、中風和腎衰竭有關[16]。半顆酪梨（約 100 公克）就有 14% 每日建議攝取的鉀含量，中等尺寸的香蕉約含 10%。

酪梨可以降低心臟疾病的風險。研究顯示，吃酪梨可以顯著改善膽固醇問題，進而降低心臟疾病的風險。[17]

蛋白 8 個，或以 1½ 杯蛋白液取代
鹽、現磨黑胡椒，視個人喜好
卡宴辣椒粉，視個人喜好
特級冷壓初榨橄欖油 1 大匙
紅椒 ¼ 杯，切丁
青蔥 ¼ 杯，切碎
去籽切丁番茄 ¼ 杯
全麥麵包 8 片，烤過
中型酪梨 1 個，去皮去核切片

1 取一中型碗，放入蛋白，用叉子攪打。加入鹽、胡椒和卡宴辣椒粉攪打均勻。

2 小型不沾鑄鐵平底鍋倒入橄欖油，以中高溫加熱。加入紅椒，青蔥和番茄各 1 大匙。不斷翻動，翻炒約 1 分鐘；倒入 ¼ 的蛋白混合。蓋上鍋蓋，爐火將至小火，加熱 1 到 2 分鐘至蛋白凝固。用刮刀將蛋對折，然後再度對折。蛋離火，放在盤中備用。重複此作業 3 次，用完所有的蛋白和蔬菜。

3 蛋放在 4 片烤過的麵包上，擺上酪梨片。蓋上另一片麵包後，將每一份三明治對切，即可食用。

番茄嫩蛋早餐烤乳酪

1 份｜準備時間 15 分鐘｜烹調時間 10 分鐘

335 大卡｜蛋白質 27 公克｜碳水化合物 31 公克｜脂肪 13 公克

全麥英式馬芬 1 個，剖半
特級冷壓初榨橄欖油 ½ 小匙
青蔥 2 根，切碎，分成兩份
蛋白 4 個，打散；或以 ¾ 杯蛋白液
　　取代
鹽、現磨黑胡椒，視個人喜好
小番茄 ¼ 杯，對切
墨西哥乳酪絲 ¼ 杯

1 上火式烤爐預熱。

2 剖半的英式馬芬放入烤麵包機，烤至金黃色。放在烘焙紙上備用。

3 橄欖油倒入小型不沾鑄鐵平底鍋，以中火加熱。加入青蔥翻炒約 2 至 3 分鐘。鍋中加入蛋白、鹽、胡椒，以抹刀不斷攪拌，直到蛋熟透，離火。

4 剖半的馬芬放上炒碎蛋白、番茄和乳酪。以上火烤 1 至 1 分半，直到乳酪熔化。用刮刀將烤乳酪蛋移到盤中，撒上剩下青蔥點綴，即可食用。

難以抵擋火腿烤乳酪

6 份｜準備時間 20 分鐘｜烹調時間 35 分鐘，外加 10 分鐘冷卻

273 大卡｜蛋白質 26 公克｜碳水化合物 6 公克｜脂肪 17 公克

熟成切達乳酪絲 2 杯，分成兩份
特級冷壓初榨橄欖油 1 大匙
青蔥 2 根，切片
切片香菇 1 杯
切碎紅椒 ½ 杯
去籽切丁番茄 ¾ 杯
瘦火腿肉切丁 1 杯
切碎的青花菜花蕊 1 杯
全蛋 7 個
蛋白 5 個，或以 1 杯蛋白液取代
2% 牛奶 ¼ 杯
鹽、現磨黑胡椒，視個人喜好

1 烤箱預熱至 190°C。20×20 公分烤盤噴油，烤盤底鋪滿 1 杯份乳酪。

2 大鍋放入橄欖油，以中火加熱。放入青蔥、香菇和紅椒，翻炒 5 至 6 分鐘，直到變軟。加入番茄翻炒 2 至 3 分鐘，然後加入火腿和青花菜。離火。用刮刀將炒料均勻鋪在烤盤中的乳酪上。

3 蛋白、牛奶、鹽和胡椒放入大碗攪打均勻。緩緩倒入烤盤的蔬菜混料上，最後撒上預留的 1 杯乳酪絲。

4 烤約 30 到 35 分鐘，直到蛋白凝固，中央插入刀子取出時不沾。烤盤冷卻 8 至 10 分鐘，即可切分享用。

墨西哥煎蛋玉米餅

2 份 │ 準備時間 15 分鐘 │ 烹調時間 10 分鐘

438 大卡 │ 蛋白質 24 公克 │ 碳水化合物 26 公克 │ 脂肪 26 公克

特級冷壓初榨橄欖油 2 小匙，分成
　　兩份
小洋蔥 ½ 個，切碎
番茄 1 個，切丁
墨西哥辣椒（jalapeño pepper）1
　　根，去籽切碎
鹽、現磨黑胡椒，視個人喜好
墨西哥玉米餅（6 吋）2 片
大型蛋 2 個
墨西哥新鮮乳酪（queso fresco）
　　28 公克，壓碎
新鮮切碎香菜 2 大匙

1 小型不沾鑄鐵平底鍋放入 1 小匙橄欖油，以中高溫加熱，放入洋蔥。翻炒 1 分鐘，然後加入番茄、墨西哥辣椒、鹽和胡椒。翻炒數分鐘，直到番茄汁液幾乎收乾。離火備用。

2 另取一個不沾鑄鐵小平底鍋，以高溫加熱墨西哥玉米餅至香脆，每片約需時 1 分鐘。玉米餅分別放入兩個盤中。

3 接著製作太陽蛋。平底鍋放入剩下的 1 小匙橄欖油，以中高溫加熱。小心將蛋打入鍋中，以鹽、胡椒調味。蓋上鍋蓋加熱 3 至 4 分鐘，直到蛋白凝固。

4 兩張玉米餅各放上一個太陽蛋。用湯匙將蔬菜混料舀出放在蛋上。撒上乳酪，以香菜點綴，即可享用。

加勒比海香料麥片優格

4 份｜準備時間 10 分鐘｜烹調時間 5 分鐘

292 大卡｜蛋白質 17 公克｜碳水化合物 31 公克｜脂肪 12 公克

燕麥是絕佳的水溶性纖維來源。 水溶性纖維是植物中不可消化的碳水化合物。這些纖維被吃下肚後，會抵達腸道，然後開始發酵，促進「好的」腸道細菌和益生菌生長和活動。研究顯示，以燕麥做為一天的開始，由於有飽腹感十足的水溶性纖維，可以幫助預防過食。[18]

燕麥可以降低高血壓的風險。 所有的纖維不僅對消化道有益，也對心臟健康好處多多。研究顯示，水溶性纖維可以降低 5% 至 10% 的低密度脂蛋白（LDL）膽固醇——也就是「壞的」膽固醇。[19]

燕麥可能可以減少第二型糖尿病的風險。 研究顯示，食用燕麥可以改善胰島素敏感性。有一份報告發現，讓第二型糖尿病的患者食用燕麥，可以大幅降低胰島素的使用劑量至 40%[20]。

2% 牛奶 3 杯

快煮燕麥 1 杯

黑糖 1 大匙，不壓實

肉桂粉 ½ 小匙

肉豆蔻粉一小撮

切碎的開心果 ¼ 杯

鹽一小撮

2% 希臘優格 1 罐（170 公克）

1 牛奶、燕麥、糖、肉桂、肉豆蔻、開心果和鹽放入中型鍋混合，以中高溫加熱。整體煮至沸騰，期間不斷攪拌，直到燕麥煮熟，約需時 2 分鐘。

2 離火，拌入優格，即可食用。

高蛋白香蕉麥片蛋糕

2 份（每份 2 片）│準備時間 5 分鐘│烹調時間 10 分鐘

357 大卡│蛋白質 30 公克│碳水化合物 47 公克│脂肪 6 公克

傳統燕麥 1 杯

蛋白 6 個，或以 1 杯＋ 2 大匙蛋白
　　液取代

熟透香蕉 1 根，去皮切片

2% 茅屋乳酪（cottage cheese） 1
　　杯

肉桂粉 ½ 小匙

細白砂糖 1 大匙

1 取一中型碗，加入燕麥、蛋白、香蕉、茅屋乳酪、肉桂和糖。以刮刀攪拌至整體均勻滑順。

2 取一中型平底鍋，噴油，以中火加熱。用湯匙舀四分之一的燕麥糊入鍋，煎 1 到 2 分鐘至金黃。以刮刀翻面，續煎 30 至 60 秒。煎熟的燕麥蛋糕金黃紮實。放入盤中備用。

3 再度噴油，重複煎烤燕麥糊，直到完成 4 片蛋糕，即可食用。

藍莓香蕉綿密果昔

2 份 | 準備時間 10 分鐘

228 大卡 | 蛋白質 12 公克 | 碳水化合物 31 公克 | 脂肪 7 公克

希臘優格近來非常火紅，因為幾大原因：希臘優格的蛋白質是一般未瀝水優格的兩倍，滑潤美味，而且有 0%、2% 和全脂等不同選擇（2% 是我的最愛）。

希臘優格當點心，可以延長飽足感，如果晚上吃一些，由於含有乳清，在你休息的時候有助於肌肉修復。[21]

要讓希臘優格的蛋白質含量更豐富，加入一勺香草高蛋白粉即可。

香蕉 1 根，冷凍較佳，去皮切片
冷凍藍莓 ½ 杯
蜂蜜 1 小匙
2% 希臘優格 ½ 杯
亞麻籽 1 大匙
2% 牛奶 1 杯

1 果汁機放入香蕉、藍莓、蜂蜜、優格、亞麻籽和牛奶。攪打至滑順，約需時 1 分鐘。

2 倒入 2 個玻璃杯，即可享用。

肉桂香料地瓜鬆餅

1 份（每份含 2 片鬆餅）│準備時間 10 分鐘│烹調時間 5 分鐘

506 大卡│蛋白質 39 公克│碳水化合物 63 公克│脂肪 11 公克

地瓜是全世界最佳的維他命 A 來源。一個大型地瓜所含的維他命 A 超過每日建議攝取量的 100%，維他命 A 對骨骼生長和免疫系統非常重要。[22]

地瓜或許有助於抗癌。除了維他命 A 的抗癌成分，許多報告認為，地瓜中所含的 β- 胡蘿蔔素或許能降低女性得乳癌和卵巢癌的風險。[23]

中型地瓜（142 公克）1 個
傳統麥片 ½ 杯
大型蛋 1 個
蛋白 4 個，或以 ¾ 杯蛋白液取代
香草精 ½ 小匙
肉桂粉 ½ 小匙
2% 原味優格 ¼ 杯

1 用叉子戳刺地瓜數次，以濕廚房紙巾包起，以強火力微波 5 分鐘。小心地以冷水沖涼地瓜，然後用刀子去皮。

2 燕麥放入果汁機和食物調理機，打碎至粉狀。倒入中型碗備用。

3 地瓜放入果汁機和食物調理機，攪打至滑順的泥狀。放入裝燕麥粉的碗中。加入全蛋、蛋白、香草精、肉桂粉和優格，攪拌至麵糊均勻滑順。

4 中型不沾平底鍋噴油，以中低溫熱鍋。

5 舀一半的麵糊至平底鍋中，煎至深金黃色，約需時 1 至 2 分鐘。鬆餅用刮刀翻面，煎 30 至 60 秒，直到呈深金黃色，整體結實。鬆餅放入盤中。

6 鍋子噴油，重複上述方法，煎完剩下的麵糊。裝盤食用。

椰香夏威夷果仁法式吐司

2 份（每份含 2 片吐司）｜準備時間 5 分鐘｜烹調時間 10 分鐘

510 大卡｜蛋白質 43 公克｜碳水化合物 46 公克｜脂肪 18 公克

法國吐司

2% 牛奶 ½ 杯

大型蛋 2 個

蛋白 2 個，或以 6 大匙蛋白液取代

香草高蛋白粉 2 勺

肉桂粉 ½ 小匙

全麥麵包 4 片

佐料

香蕉 1 根，去皮切片

切碎的夏威夷果仁 2 大匙

無糖椰子粉 2 大匙

1 取一個淺盤，加入牛奶、蛋和蛋白，用叉子攪打均勻。加入高蛋白粉和肉桂粉，再度攪拌至完全混合均勻。

2 取一片麵包，浸入蛋奶液至吸飽水分——最好靜置 30 秒或更久。

3 中型不沾平底鍋噴油，以中高溫加熱。放入 1 或 2 片麵包（不要塞滿鍋子！），煎約 2 分鐘至深金黃色。用抹刀翻面，煎 1 到 2 分鐘至整體結實。放入盤中，剩下的麵包重複此步驟。

4 同時間，取一個小碗，混合香蕉、堅果和椰子粉。每片法國吐司放上佐料，即可享用。

杏仁醬香蕉果昔

1 份 ｜ 準備時間 5 分鐘

505 大卡 ｜ 蛋白質 33 公克 ｜ 碳水化合物 46 公克 ｜ 脂肪 25 公克

杏仁富含巨量和微量營養素。根據美國農業部的國家營養資料庫，每 28 公克杏仁含有 3.5 公克纖維，6 公克蛋白質，以及 14 公克脂肪，包含每日需要的錳，以及每日膳食營養素 20% 的鎂、銅、維他命 B2（核黃素）及磷。[24]

杏仁有助於控制膽固醇指數。一份關於潛伏型糖尿病患者、為期 4 個月的報告發現，每日熱量的 20% 來自杏仁的受試者，其 LDL（「壞的」）膽固醇平均下降了 10%。[25]

杏仁可讓你更有飽足感，而且持續更久。歐洲臨床營養學期刊發表的研究發現，超過四週，每天給 137 位受試者 42 公克杏仁做為零食，顯著降低其飢餓感和對進食的興趣[26]。

香蕉 1 根，冷凍更佳，去皮切片
杏仁醬 2 大匙
無糖杏仁奶 1 杯
蜂蜜 1 小匙
亞麻籽 1 人匙，完整或粉狀
香草高蛋白粉 1 勺

1 果汁機中放入香蕉、杏仁醬、杏仁奶、蜂蜜、亞麻籽和高蛋白粉。攪打約 1 分鐘至滑順均勻。倒入玻璃杯中即可享用。

≡ 沙拉 ≡

經典柯布沙拉 88

椰香脆皮雞沙拉 91

香辣聖塔菲塔可沙拉 92

完美高蛋白沙拉佐白脫乳醬汁 94

鳳梨胡桃熱帶風雞肉沙拉 95

炙燒地中海沙拉佐風乾番茄油醋 96

超級綠沙拉 99

低脂優格黃瓜醬 100

墨西哥辣椒香菜乳狀醬汁 101

紅酒醋 102

黃瓜鄉村醬汁 103

經典柯布沙拉

2 份 | 準備時間 20 分鐘
446 大卡 | 蛋白質 40 公克 | 碳水化合物 23 公克 | 脂肪 23 公克

小型結球萵苣 1 顆，去梗切碎
去皮去骨雞胸肉 227 公克，煮熟切
　　成 1 公分見方小丁
水煮蛋 2 顆，去殼切四等份
番茄 2 個，切碎
酪梨 1 個，去皮去核切片
胡蘿蔔絲 1 杯
低脂溫和切達乳酪絲 ¼ 杯
沙拉醬汁，可用紅酒醋或黃瓜鄉村
　　沙拉醬

1 所有食材放入大碗拌勻。分成兩碗，淋上喜愛的醬
汁即可。

椰香脆皮雞沙拉

2 份 ｜ 準備時間 15 分鐘 ｜ 烹調時間 30 分鐘
454 大卡 ｜ 蛋白質 31 公克 ｜ 碳水化合物 36 公克 ｜ 脂肪 21 公克

食用大量椰子的族群，是全世界最健康的人口。托克勞人是住在南太平洋的族群，將近 60% 的熱量來自椰子，研究顯示他們的健康狀態絕佳，而且顯示幾乎沒有心臟病的跡象[1]。

椰子有助於控制飢餓感。高脂肪飲食的族群較低脂飲食者更容易肥胖，主要因為所吃食物的熱量密度[2]。然而證據顯示，椰子中含有的某種稱為中鏈三酸甘油脂（MCT）有助於抑制饑餓[3]。

椰子可改善膽固醇指數。巴西的阿拉哥亞斯聯邦大學（Federal University of Alagoas）發現，補充椰子油 12 週，可改善 LDL（「壞」膽固醇）與 HDL（「好」膽固醇）之間的比例[4]。

油醋

特級冷壓初榨橄欖油 1 大匙
蜂蜜 1 大匙
白醋 1 大匙
第戎芥末醬 2 小匙

雞肉沙拉

無糖椰子粉 6 大匙
口式麵包粉 ¼ 杯
壓碎的玉米片 2 大匙
鹽、現磨黑胡椒，視個人喜好
蛋白 3 個，稍微打散，或以 ½ 杯蛋白
　　液取代
去皮去骨切去脂肪的雞胸肉 170 公克
混合嫩葉沙拉 6 杯
胡蘿蔔絲 ¾ 杯
小黃瓜 1 條，切片
番茄 1 個，切片

1 烤箱預熱至 190°C。淺烤盤鋪烘焙紙。

2 取一小碗，放入油、蜂蜜、醋和芥末醬攪打。備用。

3 取一小淺盤，混合椰子粉、麵包粉、玉米片、鹽、胡椒。另取一個可容納雞肉的大碗，放入蛋白，以叉子稍微攪打。

4 雞肉以鹽、胡椒調味。雞肉浸入蛋白液，然後沾滿椰子麵包粉，若有需要，用手指壓緊麵包粉。雞肉放在鋪烘焙紙的烤盤上，略微噴油，烘烤 15 分鐘。雞肉翻面，續烤 10 至 15 分鐘直到熟透。

5 裝盤：每個盤子裝 3 杯嫩葉沙拉。放上胡蘿蔔、小黃瓜和番茄。雞肉斜切片，分成兩份，分別放在沙拉上。淋上油醋即可。

香辣聖塔菲塔可沙拉

4 份｜準備時間 25 分鐘｜烹調時間 20 分鐘
347 大卡｜蛋白質 22 公克｜碳水化合物 28 公克｜脂肪 18 公克

配料

93% 火雞瘦絞肉 227 克
罐頭黑豆 ½ 杯，沖水瀝乾
切末的墨西哥辣椒 1 大匙
牛番茄 2 個，切碎
大蒜 1 瓣，去皮切末
切碎的青蔥 3 大匙
切碎的香菜 2 大匙，另備份量裝飾
　　用
冷凍玉米粒 ¾ 杯
鹽、現磨黑胡椒，視個人喜好
甜紅椒粉 1¼ 小匙

酪梨沾醬

2% 希臘優格 ¼ 杯
水 ¼ 杯
中型酪梨 1 個，去皮去核切碎，分
　　成兩份
切碎的新鮮香菜 1½ 大匙
卡宴辣椒粉 ½ 小匙
鹽、胡椒，視個人喜好

沙拉

結球萵苣切絲 5 杯
墨西哥乳酪絲 ½ 杯
牛番茄 1 個，切碎
切碎的新鮮香菜 2 大匙
壓碎的玉米脆片 2 大匙

1 以中高溫加熱大型不沾鑄鐵平底鍋。鍋中放入火雞絞肉，用木匙將絞肉攪散成小塊。加熱 4 至 5 分鐘，不時拌炒至肉不再呈粉紅色。

2 加入豆子、辣椒、番茄、大蒜、青蔥、香菜、玉米、鹽、胡椒和紅椒粉。加蓋，爐火降溫至小火，烹煮 15 分鐘。移去鍋蓋，小火續煮約 5 分鐘至汁液收乾。

3 同時間，製作酪梨醬：果汁機中放入優格、水、一半的酪梨、香菜、卡宴辣椒粉、鹽和胡椒。攪打至滑順，備用。

4 萵苣分裝成 4 盤，上面放火雞肉混料、乳酪、番茄、香菜、剩下的酪梨。最上面淋酪梨醬，以壓碎的玉米脆片點綴。

完美高蛋白沙拉
佐白脫乳醬汁

1 份 | 準備時間 20 分鐘

349 大卡 | 蛋白質 30 公克 | 碳水化合物 29 公克 | 脂肪 15 公克

綜合嫩葉沙拉 2 杯

青蔥 2 根，切碎

小黃瓜 1 條，橫剖切片

蘑菇 4 個，切半切片

中型酪梨 ¼ 個，去皮切碎

2% 茅屋乳酪 ½ 杯

水煮蛋 1 個，去殼切碎

低脂白脫乳 3 大匙

檸檬汁 1 顆份

大蒜 1 瓣，切末

鹽、現磨黑胡椒，視個人喜好

1 取一個中型碗，放入嫩葉沙拉、青蔥、小黃瓜、蘑菇、酪梨、乳酪和蛋。

2 取一個小碗，放入白脫乳、檸檬汁、大蒜、鹽和胡椒。用叉子混合均勻。

3 將沙拉醬淋在沙拉上，拌勻即可食用。

鳳梨胡桃熱帶風雞肉沙拉

1 份 │ 準備時間 25 分鐘

323 大卡 │ 蛋白質 42 公克 │ 碳水化合物 22 公克 │ 脂肪 9 公克

去皮去骨雞胸 170 公克，煮熟切丁
切碎的芹菜 2 大匙
切碎的鳳梨 ¼ 杯
去皮柳橙果肉 ¼ 杯
切碎的胡桃 1 大匙
剖半的無籽葡萄 ¼ 杯
鹽、現磨黑胡椒，視個人喜好
羅曼生菜 2 杯

1 取一中型碗，放入雞肉、芹菜、鳳梨、柳橙、胡桃和葡萄。用湯匙輕輕拌勻，以鹽和胡椒調味。

2 取一盤子擺放羅曼生菜，放上雞肉混料即可享用

炙燒地中海沙拉佐風乾番茄油醋

4 份│準備時間 10 分鐘│烹調時間 15 分鐘

171 大卡│蛋白質 10 公克│碳水化合物 11 公克│脂肪 9 公克

巴薩米克醋 ¼ 杯

酸豆 ½ 小匙

蒜末 ½ 小匙

略微切碎的風乾番茄 2 大匙

紅椒 2 個，去籽切粗條

蘆筍 8 根

櫛瓜（zucchini）1 條，切片

紫洋蔥 ½ 個，切片

特級冷壓初榨橄欖油 2 小匙

鹽、現磨黑胡椒，視個人喜好

水煮蛋 4 個，去殼切半

略切碎的卡拉馬塔橄欖（Kalamata olives）2 大匙

低脂費塔乳酪（feta cheese）碎塊 ¼ 杯

切碎的羅勒，視個人喜好

1 在食物調理機料理杯中放入醋、酸豆、大蒜和風乾番茄。攪打至均勻。備用。

2 取一大型碗，混合紅椒、蘆筍、櫛瓜和紫洋蔥。加入橄欖油、鹽、黑胡椒。拌勻。

3 條紋烤盤噴少許油，以中高溫加熱。烤盤夠熱後，放上蔬菜炙烤，不時翻面直到出現少許焦痕。

4 取一大碗，放入烤好的蔬菜和油醋，混合均勻。將蔬菜分裝四盤，放上蛋、橄欖、費塔乳酪和羅勒即完成。

超級綠沙拉

4 份 ｜ 準備時間 10 分鐘

420 大卡 ｜ 蛋白質 17 公克 ｜ 碳水化合物 18 公克 ｜ 脂肪 33 公克

深綠色葉菜可降低許多疾病的風險。研究顯示,菠菜、羽衣甘藍、羅曼生菜、萵苣葉、菊苣和莙蓬菜等蔬菜,是各種微量營養素的豐富來源,可幫助降低許多疾病的風險,包括心臟病、高血壓、白內障、中風和癌症。[5]

深綠色葉菜是維他命 K 的豐富來源。維他命 K 是四種水溶性維他命之一,可助於維持健康的血液凝結,進而減少動脈鈣化和硬化(會增加心血管疾病的風險),可能也在抗老化治療和癌症療程中扮演重要角色。

深綠色葉菜有助維持視力和眼球健康。羽衣甘藍、芥菜和莙蓬菜都含有豐富的葉黃素和玉米黃素,這兩種分子都和延緩與老化有關的眼部退化的機率[6]。

切碎的羽衣甘藍 4 杯(去梗)

新鮮菠菜葉 4 杯

特級冷壓初榨橄欖油 3 大匙

檸檬汁 1 大匙

鹽、現磨黑胡椒,視個人喜好

水煮蛋 6 個,去殼切半

中型酪梨 2 個,去皮去核,切塊

小型紫洋蔥 ½ 個,切片

現刨帕瑪森乳酪 4 大匙

1 取一大碗,放入羽衣甘藍、菠菜、橄欖油、檸檬汁、鹽和胡椒,拌勻,讓菜葉裹滿油醋。將沙拉分裝成 4 盤。

2 每份沙拉上放蛋、酪梨和紫洋蔥,並撒上乳酪。立即享用。

低脂優格黃瓜醬

16 份（每份兩大匙）｜準備時間 5 分鐘

12 大卡｜蛋白質 1 公克｜碳水化合物 1 公克｜脂肪 0 公克

小型黃瓜 1 條
2% 希臘優格 ¾ 杯
伍斯特醬 ¾ 小匙
切碎的新鮮薄荷 2 大匙
鹽，視個人喜好

1 黃瓜削皮，縱切，用湯匙挖去籽。取半條黃瓜放入食物調理機攪打成滑順的泥狀，放入小碗。

2 黃瓜泥加入優格、伍斯特醬、薄荷和鹽，混合均勻。剩下的黃瓜切碎，倒入優格醬。兩天內使用完畢。

墨西哥辣椒香菜乳狀醬汁

7 份 ｜ 準備時間 5 分鐘

38 大卡 ｜ 蛋白質 2 公克 ｜ 碳水化合物 3 公克 ｜ 脂肪 2 公克

低脂白脫乳 ½ 杯

低脂美乃滋 ¼ 杯

2% 希臘優格 ¼ 杯

墨西哥辣椒 1 小條，去籽

切碎的新鮮香菜 ¼ 杯

酸漿（tomatillo）1 個，去莢，洗
　　淨切碎

大蒜 1 瓣

青蔥 1 根，切片

萊姆汁 ½ 顆份

孜然 ⅛ 小匙

鹽、現磨黑胡椒，視個人喜好

1 所有材料放入果汁機，攪打至滑順。立即使用，或
冷藏備用。

紅酒醋

2 份｜準備時間 5 分鐘
123 大卡｜蛋白質 0 公克｜碳水化合物 0 公克｜脂肪 14 公克

紅酒醋 1 大匙
第戎芥末醬 ½ 小匙
乾燥百里香 ¼ 小匙
蒜末 ¼ 小匙
現磨黑胡椒 1 小撮
特級冷壓初榨橄欖油 2 大匙

1 取一小碗，放入所有材料，用叉子攪拌至混合均勻。

黃瓜鄉村醬

7 份 ｜ 準備時間 5 分鐘

42 大卡 ｜ 蛋白質 2 公克 ｜ 碳水化合物 4 公克 ｜ 脂肪 2 公克

小型黃瓜 1 條，削皮
低脂白脫乳 ½ 杯
低脂美乃滋 ¼ 杯
2% 希臘優格 ¼ 杯
新鮮巴西里葉 3 大匙
大蒜 1 瓣，去皮
切片青蔥 ¼ 杯
檸檬汁 ½ 顆份
鹽、現磨黑胡椒，視個人喜好

1 黃瓜縱剖，用湯匙挖去籽。略微切碎黃瓜後，與其他食材一起放入攪拌機，攪打至均勻滑順。立即使用，或冷藏備用。

≡三明治和湯≡

椰子薑味胡蘿蔔湯 106

義式扁豆湯佐雞肉 108

特級辣豆肉醬湯 109

孜然黑豆湯 111

慢煮恩奇拉達雞湯 112

雞肉濃湯 113

白豆火雞香腸甘藍湯 114

雞肉沙拉三明治 116

慢煮義式邋遢喬 117

慢煮法式沾醬三明治 119

火雞塔可生菜捲 120

健康酪梨蛋沙拉三明治 122

古巴三明治餡餅 123

法式長棍夾烤牛肉、
芝麻葉和帕瑪森乳酪 124

椰子薑味胡蘿蔔湯

4 份｜準備時間 15 分鐘｜烹調時間 35 分鐘

170 大卡｜蛋白質 6 公克｜碳水化合物 21 公克｜脂肪 7 公克

特級冷壓初榨橄欖油 1 小匙
中型洋蔥 1 個，切碎
胡蘿蔔 10 根，削皮切片
大蒜 3 瓣，切末
去皮現磨薑末 2 小匙
低鈉清雞湯 4 杯
淡椰漿 1 罐（400ml）
切碎的新鮮香菜，視個人喜好
鹽、現磨黑胡椒，視個人喜好

1 取一中型湯鍋，倒入橄欖油，以中高溫加熱。放入洋蔥翻炒約 3 分鐘。加入胡蘿蔔、大蒜和薑。不時翻炒，加熱約 5 分鐘。

2 倒入清雞湯和椰漿，以高溫煮至沸騰，然後將至低溫，小火慢煮約 30 分鐘至胡蘿蔔變軟。

3 湯離火，拌入香菜。小心地以手持攪拌棒將湯攪打至均勻滑順；或是把湯分批倒入果汁機或食物調理機攪打成泥狀。以鹽和胡椒調味。立即享用。

義式扁豆湯佐雞肉

4 份 ｜ 準備時間 20 分鐘 ｜ 烹調時間 55 分鐘

318 大卡 ｜ 蛋白質 35 公克 ｜ 碳水化合物 39 公克 ｜ 脂肪 2 公克

乾扁豆 227 公克，洗淨挑過
去皮去骨雞胸肉 340 公克，切去脂
　　肪
雞高湯 1 大匙（3 個高湯塊）
水 4 杯
小型洋蔥 1 個，切碎
熟透番茄 1 個，切碎
大蒜 2 瓣，切末
蒜粉 1 小匙
孜然粉 1 小匙
甜紅椒粉 ¼ 小匙
乾奧勒岡 ¼ 小匙
鹽，視個人喜好
青蔥 1 根，切薄片
切碎的新鮮香菜 ¼ 杯

1 以中高溫加熱中型萬用鍋，放入扁豆、雞肉、雞高湯和水。加蓋煮至沸騰。以小火慢煮約 20 分鐘至雞肉熟透。

2 用夾子夾出煮熟的雞肉，放到盤中冷卻約 2 分鐘，然後用兩支叉將雞肉撕成絲。雞肉絲放回鍋中，同時加入洋蔥、番茄、大蒜、蒜粉、孜然、紅椒粉和奧勒岡。

3 蓋上鍋蓋小火煮至微沸。烹煮約 25 分鐘至扁豆變軟。若湯太稠可加水。

4 離火。以鹽調味，撒上青蔥和香菜即可享用。

特級辣豆肉醬湯

12 份 │ 準備時間 30 分鐘 │ 烹調時間 2.5 小時

460 大卡 │ 蛋白質 37 公克 │ 碳水化合物 36 公克 │ 脂肪 18 公克

芥花油 2 大匙

紅椒 2 個，去籽切碎

墨西哥辣椒 2 根，切碎

安那罕辣椒（Anaheim pepper）3 根，烤過去皮去籽，切碎

波布拉諾辣椒（poblano chile）3 個，烤過去皮去籽，切碎

黃洋蔥 2 個，切碎

無骨牛肩排 454 公克，切去肥肉，切成 0.6 公分見方

92% 瘦牛絞肉 907 公克

瘦義大利香腸 454 公克

蒜末 ¼ 杯

洋蔥粉 2 小匙

蒜粉 2 小匙

辣椒粉 3 大匙

辣紅椒粉 2 小匙

孜然粉 2 小匙

卡宴辣椒粉 2 小匙

芫荽粉 2 小匙

鹽 2 小匙

現磨黑胡椒 2 小匙

番茄膏 1 杯

番茄糊 2 杯

拉格啤酒 355 毫升

低鈉清雞湯 1 杯

斑豆（440 公克）2 罐，瀝乾

腰豆（440 公克）2 罐，瀝乾

切薄片的青蔥 ½ 杯

1 以高溫加熱大湯鍋或荷蘭鍋，倒入油。放入甜椒、墨西哥辣椒、安那罕辣椒、波布拉諾辣椒和洋蔥，炒約 5 分鐘至變軟。

2 放入牛肉塊，讓每一面煎至上色。倒入牛絞肉、香腸和大蒜。輕輕翻炒，盡量不要讓絞肉變得太碎。煮 7 至 10 分鐘，待肉變褐色熟透。

3 倒入洋蔥粉、蒜粉、辣椒粉、紅椒粉、孜然、卡宴辣椒、芫荽、鹽和胡椒。煮 1 分鐘，然後拌入番茄膏和番茄醬。煮 2 分鐘。

4 倒入啤酒、清雞湯、斑豆和腰豆。混合全體，爐火將至中低溫。小火微沸煮 2 小時，不時攪拌。撒上青蔥即可上桌。

孜然黑豆湯

2 份 │ 準備時間 15 分鐘 │ 烹調時間 55 分鐘
309 大卡 │ 蛋白質 20 公克 │ 碳水化合物 47 公克 │ 脂肪 5 公克

豆類是鉀的豐富來源。 鉀是目前為止最常攝取不足的營養素，而且並不是光靠補給品就能輕易解決的問題。然而，一杯煮熟的白豆就含有將近身體每日所需的 30% 的鉀。紅豆、黃豆、皇帝豆、腰豆、白芸豆和斑豆也是絕佳的選擇。

豆類的纖維含量極高。 美國人平均每日只吃下 15 公克纖維，而美國醫學學會建議的攝取量是成人女性為 21 至 25 公克，成人男性則為 30 至 39 公克。一杯煮熟的豆子含有約 12 公克纖維，讓你更容易達到纖維攝取量。

豆類有助於預防過食。 豆類本身含糖量低，有助於預防胰島素激增，後者可能增加飢餓感。[1] 豆類也富含蛋白質和碳水化合物，這就是由雪梨大學科學家指導的研究發現，豆類是最富飽足感的食物。[2]

特級冷壓初榨橄欖油 2 小匙
小型洋蔥 1 個，切碎
胡蘿蔔 1 條，削皮切小塊
芹菜 2 根，切小塊
墨西哥辣椒 ½ 個，去籽切碎
大蒜 2 瓣，切末
孜然粉 1 小匙
月桂葉 1 片
低鈉清雞湯 4 杯
黑豆一罐（410 公克），瀝乾沖水
紅酒醋 2 小匙
切碎的新鮮香菜，視個人喜好
鹽、現磨黑胡椒，視個人喜好

1 取一中型鍋，倒入橄欖油以中高溫加熱。放入洋蔥，翻炒約 3 分鐘。

2 加入胡蘿蔔、芹菜和墨西哥辣椒，翻炒約 5 分鐘。放入大蒜、孜然和月桂葉，翻炒約 30 秒。倒入清雞湯和黑豆，煮至微沸，然後爐火調至小火。煮 30 至 45 分鐘，直到風味融合。

3 食用前取出月桂葉。拌入紅酒醋和香菜，以鹽和胡椒調味。立即享用。

慢煮恩奇拉達雞湯

4 份｜準備時間 20 分鐘｜烹調時間 4 小時 10 分鐘

429 大卡｜蛋白質 42 公克｜碳水化合物 41 公克｜脂肪 10 公克

特級冷壓初榨橄欖油 2 小匙
切碎的洋蔥 ½ 杯
大蒜 3 瓣，切末
番茄醬 1 罐（227 公克）
低鈉清雞湯 3 杯
阿多波醬（adobi sauce）中的奇波
　　雷辣椒（chipotle chiles）1 至
　　2 小匙，切碎
黑豆 1 罐（425 公克），沖水瀝乾
番茄 1 罐（410 公克），切丁
冷凍玉米 2 杯
孜然粉 1 小匙，視個人喜好增量
乾奧勒岡 ½ 小匙
去皮去骨雞胸肉（227 公克）2 個，
　　切去脂肪
鹽，視個人喜好
切碎的青蔥 ¼ 杯
低脂切達乳酪斯 ¾ 杯
切碎的新鮮香菜 ¼ 杯

1 以中低溫加熱中型鍋，倒入油。放入洋蔥和大蒜炒 3 至 4 分鐘直到變軟。慢慢倒入番茄醬、清雞湯和奇波雷辣椒。湯沸騰後，小心倒入慢燉鍋的內鍋。

2 內鍋加入豆子、番茄、玉米、孜然和奧勒岡，混合均勻。放入雞胸肉。蓋上鍋蓋，以低溫烹煮 4 小時。

3 雞肉從內鍋取出，放到小碗，靜置數分鐘冷卻，然後用叉子撕成絲。雞肉絲倒回湯裡，加鹽和胡椒調味。

4 用長柄勺舀出湯料放入碗中，撒上青蔥、乳酪和香菜，即可食用。

雞肉濃湯

4 份｜準備時間 20 分鐘｜烹調時間 20 分鐘

385 大卡｜蛋白質 37 公克｜碳水化合物 43 公克｜脂肪 7 公克

芹菜可避免消化道發炎。不,芹菜並非「零卡食物」(事實上也沒有這種東西),不過芹菜仍然對消化非常有益。在動物研究中,芹菜裡的纖維性碳水化合物顯示,可以強化胃壁,降低胃潰瘍的風險。[3]

芹菜富含抗氧化物。現今的科學家已在芹菜中發現數十種抗氧化物,從最有名的維他命 C 和黃酮素,到晦澀難解的物質,如 lunularin、bergapten 和 psolaren。這些營養素全都有助於保護器官和血管不利的氧化傷害。

芹菜可能可預防胰腺癌。根據一份由伊利諾斯大學科學家帶領的近期研究,芹菜中有兩種特殊的抗氧化物質 apigenin 和 luteolin,可能可以殺死人類胰腺癌細胞[4]。雖然這些結果目前還在實驗報告階段,不過還是顯示了芹菜對維持健康的極大優點。

低鈉清雞湯 2 杯

玉米澱粉 2 大匙

2% 牛奶 4 杯

去皮去骨雞胸肉(170 公克)2 個,
　　煮熟切小塊

芹菜 1 根,切小塊

中型洋蔥 ½ 個,切碎

小波特菇 227 公克,切片

雞高湯塊 2 個

乾百里香 1 小撮

鹽和現磨黑胡椒,視個人喜好

冷凍三色豆(豌豆、胡蘿蔔、四季
　　豆和玉米)1 包(284 公克)

中型紅皮馬鈴薯 2 個(各 213 公
　　克),切成 2 公分見方

1 取一大型多用途鍋,以中低溫加熱,倒入清雞湯、玉米澱粉和牛奶。煮至微沸,讓湯汁收乾變稠。

2 鍋中放入雞肉、芹菜、洋蔥、波特菇、高湯塊、百里香、鹽、胡椒,以及冷凍三色豆。整體煮至微沸。蓋上鍋蓋,留少許縫隙,煮約 10 分鐘至蔬菜變軟。

3 移去鍋蓋,加入馬鈴薯。煮 5 分鐘至馬鈴薯變軟。嘗味道,食用前以鹽、胡椒調味。

白豆火雞香腸甘藍湯

4 份｜準備時間 20 分鐘｜烹調時間 30 分鐘

351 大卡｜蛋白質 34 公克｜碳水化合物 20 公克｜脂肪 16 公克

特級冷壓初榨橄欖油 2 小匙
洋蔥 1 個，切碎
大蒜 1 瓣，切末
瘦火雞肉香腸 568 公克，去腸衣
低鈉清雞湯 6 杯
罐頭白豆 1 杯，瀝水沖洗
略切的羽衣甘藍 1 杯（去梗）
鹽和現磨黑胡椒，視個人喜好

1 取一中型湯鍋，以中高溫加熱油。放入洋蔥和大蒜，翻炒 2 至 3 分鐘。加入香腸肉餡，用木勺將肉分成小塊，翻炒 5 至 6 分鐘，不時翻動，直到肉熟透。

2 倒入清雞湯和豆子。蓋上鍋蓋，以低溫煮約 10 分鐘至微沸。

3 加入羽衣甘藍，蓋上鍋蓋以微沸狀態續煮 10 分鐘。

4 以鹽、胡椒調味，分裝成 4 碗即可食用。

雞肉沙拉三明治

2 份 | 準備時間 5 分鐘

283 大卡 | 蛋白質 28 公克 | 碳水化合物 27 公克 | 脂肪 7 公克

芹菜 1 根，切碎
切碎的洋蔥 1 大匙
松子 1 大匙
辛辣棕芥末醬（spicy brown
　　mustard）1 尖小匙
脫脂酸奶油 1 尖小匙
脫脂原味優格 1 尖小匙
鹽、現磨黑胡椒 1 小撮
雞肉塊（85 公克）2 罐，沖水瀝乾
　　兩次
全麥麵包 4 片
萵苣葉 2 片

1 取一大碗，放入芹菜、洋蔥、松子、芥末醬、酸奶油、優格、鹽和胡椒。攪拌混合均勻。加入雞肉，用叉子絞碎拌勻。

2 雞肉沙拉分成兩份，放在 2 片麵包上。各放上一片萵苣葉，然後蓋上另一片麵包即完成。

慢煮義式邋遢喬

4 份｜準備時間 10 分鐘｜烹調時間 4 小時 10 分鐘
373 大卡｜蛋白質 32 公克｜碳水化合物 31 公克｜脂肪 15 公克

義式瘦火雞肉香腸 454 公克，去腸
　　衣
切碎的洋蔥 ½ 杯
大蒜 3 瓣，切末
紅椒 1 個，去籽切 1 公分見方
青椒 1 個，去籽切 1 公分見方
罐頭碎番茄 1⅓ 杯
乾迷迭香 ½ 小匙
鹽、現磨黑胡椒，視個人喜好
全麥 100 卡馬鈴薯麵包 4 個
低脂波芙隆乳酪（provolone
　　cheese）4 片
嫩菠菜 1 杯

1 以中高溫加熱大型不沾鑄鐵平底鍋。放入香腸餡，用木勺將肉餡切成小塊。煎炒 5 至 6 分鐘，不時翻動，直到肉熟透。

2 加入洋蔥和大蒜。翻炒約 2 分鐘後，將香腸餡料倒入慢燉鍋內鍋。加入紅椒、番茄、迷迭香、鹽和胡椒。攪拌均勻。

3 蓋上慢煮鍋鍋蓋，溫度設定為低溫。烹煮 4 小時。

4 馬鈴薯麵包填入 ½ 尖杯肉餡。放上乳酪和嫩菠菜即可享用。

慢煮法式沾醬三明治

8 份 | 準備時間 30 分鐘 | 烹調時間 9 至 12 小時

324 大卡 | 蛋白質 35 公克 | 碳水化合物 24 公克 | 脂肪 10 公克

蒜末 1 大匙

切碎的新鮮迷迭香 1 大匙

切碎的新鮮百里香葉 1 大匙

鹽、現磨黑胡椒視個人喜好

瘦牛腿烤肉 908 公克，切去脂肪

伍斯特醬 1 小匙

低鈉牛清湯（410 公克）2 罐，如
　　有需要可加更多

大型洋蔥 3 個，切片

人型紅甜椒 1 個，去籽切條

法式長棍（227 公克）2 個

減脂莫扎瑞拉乳酪 8 片

1 取一小碗，混合大蒜、迷迭香、百里香、鹽和胡椒。
將香料揉按在整塊牛烤肉表面，然後放入慢煮鍋。

2 加入伍斯特醬和蓋過牛肉的清湯。蓋上鍋蓋，設定
在低溫，煮至可以用叉子撕開的軟度，視牛肉的厚度，
約需 9 至 12 小時不等。

3 肉快燉好前一個小時，加入洋蔥和甜椒。牛肉燉軟
後，取出放在砧板上，用叉子或手撕成絲。

4 用漏勺從清湯中取出洋蔥和甜椒。使用油脂分離器
去除湯中的所有油脂，或是冷藏一晚，撈去凝固的浮
油。

5 預熱上火烤爐。法式長棍切片，放上 57 公克牛肉，
加上洋蔥、甜椒和乳酪。放在上火烤爐中烤至乳酪融
化，搭配裝在小盅裡的清湯做為沾醬，即可食用。

火雞塔可生菜捲

4 份 | 準備時間 20 分鐘 | 烹調時間 25 分鐘

196 大卡 | 蛋白質 22 公克 | 碳水化合物 4 公克 | 脂肪 8 公克

93% 火雞瘦絞肉 454 公克

蒜粉 1 小匙

孜然粉 1 小匙

辣椒粉 1 小匙

甜紅椒粉 1 小匙

乾奧勒岡 ½ 小匙

鹽、現磨黑胡椒，視個人喜好

小型洋蔥 ½ 個，切碎

紅椒 ¼ 個，去籽切碎

罐頭番茄糊 ½ 杯

大型結球萵苣葉 8 片，洗過瀝乾

切碎的新鮮香菜 ½ 杯

1 以中高溫加熱大型不沾鑄鐵平底鍋。放入火雞絞肉，用木勺將絞肉攪散成小塊。烹煮 4 至 5 分鐘，不時翻炒，直到肉不再呈粉紅色。

2 加入蒜粉、孜然、辣椒粉、紅椒粉、奧勒岡、鹽和胡椒。加入洋蔥，紅椒和番茄醬。蓋上鍋蓋，溫度降至低溫，小火微沸煮 20 分鐘。

3 每個盤子上放 2 片萵苣葉。將絞肉餡料分裝放在萵苣葉中央。撒上香菜即可食用。

健康酪梨蛋沙拉三明治

2 份｜準備時間 5 分鐘

303 大卡｜蛋白質 15 公克｜碳水化合物 29 公克｜脂肪 15 公克

大型水煮蛋 2 顆，去殼

中型酪梨 ½ 個，去皮去核，切成 1
　　公分見方小丁

2% 希臘優格 1 大匙

第戎芥末醬 ½ 小匙

切末的新鮮青蔥 ½ 大匙

鹽、現磨黑胡椒，視個人喜好

小黃瓜薄片 12 片

全麥麵包 4 片，烤過

1 分離蛋黃和蛋白。取一小碗，放入蛋黃、酪梨、優格、青蔥、鹽和胡椒。用叉子壓碎拌勻。

2 蛋白切碎，放入蛋黃混料中。

3 小黃瓜分成兩份，放在兩片麵包上。舀起蛋沙拉放在麵包上，蓋上另一片麵包。三明治對切，即可食用。

古巴三明治餡餅

1 份 │ 準備時間 5 分鐘 │ 烹調時間 5 分鐘
280 大卡 │ 蛋白質 22 公克 │ 碳水化合物 22 公克 │ 脂肪 12 公克

全麥玉米餅（6 吋）1 片
減脂瑞士乳酪 1 片
熟火腿 57 公克
蒔蘿酸黃瓜 1 個，切薄片
第戎芥末醬，視個人喜好

1 不沾鍋噴油，以低溫加熱。放入玉米餅。

2 食材放在玉米餅的半邊，依序為：乳酪、火腿、酸黃瓜、芥末。乳酪融化後，用抹刀對折餡餅，然後翻面加熱另一面。

3 餡餅放到盤子上，對切為四分之一，即可食用。

法式長棍夾烤牛肉、芝麻葉和帕瑪森乳酪

1 份｜準備時間 5 分鐘

292 大卡｜蛋白質 21 公克｜碳水化合物 30 公克｜脂肪 9 公克

法式長棍 1 個（57 公克，約 5 公分長）

烤牛瘦肉 57 公克

嫩芝麻葉 ½ 杯

帕瑪森乳酪刨碎 1 大匙

鹽、現磨黑胡椒，視個人喜好

特級冷壓初榨橄欖油 1 小匙

巴薩米克醋 1 小匙

1 法式長棍橫剖，其中一半放入盤中，擺上烤牛肉、芝麻葉和乳酪。

2 以鹽和胡椒調味，均勻淋上橄欖油和巴薩米克醋。蓋上另一半麵包即可食用。

果昔和點心

綠色美味莎莎醬 128

完美香料酪梨醬 129

蒜香柔滑沾醬 129

酪梨薄荷蛋白飲果昔 130

柳橙甜菜根蛋白飲 130

藍莓椰香鬆餅麵糊果昔 131

冰涼南瓜胡桃蛋白棒 132

芒果綠果昔 134

印度奶茶香蕉蛋白飲 135

低碳巧克力濃縮咖啡蛋白飲 136

楓糖核桃蛋白馬芬 137

免烤抹茶軟糖棒 138

免烤巧克力藜麥蛋白棒 140

花生醬蛋白漩渦布朗尼 141

綠色美味莎莎醬

4 份（每份一杯）｜準備時間 10 分鐘

128 大卡｜蛋白質 2 公克｜碳水化合物 15 公克｜脂肪 7 公克

波布拉諾辣椒 2 個，剖半去籽

賽拉諾辣椒（serrano pepper）2
根，剖半去籽

酪梨 1 個，去皮去核，切丁

大蒜 1 瓣，去皮

切碎的新鮮香菜 1 杯

青椒 ½ 個，去籽切碎

中型甜洋蔥 ½ 個，切碎

結球萵苣 ¼ 個，切碎

水 ½ 杯

萊姆汁 2 顆份

番茄丁 1 罐（425 公克），瀝乾

1 除了番茄，將所有材料放入果汁機或食物調理機，攪打至滑順但略帶顆粒感。（視果汁機和食物調理機的大小，如有需要可分批進行）。

2 將綠色混料倒入大碗，拌入罐頭番茄混合均勻，即可食用。

完美香料酪梨醬

2 份｜準備時間 10 分鐘

337 大卡｜蛋白質 4 公克｜碳水化合物 20 公克｜脂肪 29 公克

酪梨 2 個
小型紫洋蔥 ½，切碎
切碎的新鮮香菜 ¼ 杯
萊姆汁 1 大匙，如有需要可多加
鹽 ½ 小匙，如有需要可多加
現磨黑胡椒 1 小撮
賽拉諾辣椒 2 根，去籽切細，如有
　　需要可多加

1 酪梨剖半去籽。用湯匙挖出酪梨果肉，放入中型碗。

2 其餘食材放入碗中，用叉子壓碎全體食材，視喜好可柔滑或帶顆粒感。

3 嘗酪梨醬的味道，然後視個人喜好加入萊姆汁、鹽和賽拉諾辣椒，即可食用。

蒜香柔滑沾醬

9 份（每份 2 大匙）｜準備時間 2 至 3 分鐘

29 大卡｜蛋白質 1 公克｜碳水化合物 5 公克｜脂肪 1 公克

低脂酸奶油 1 杯
低脂美乃滋 2 大匙
萊姆汁 1 顆份
蒜粉 1 小匙
現磨黑胡椒 1 小撮

1 所有材料放入小碗，用刮刀攪拌均勻，立即食用。

酪梨薄荷蛋白飲果昔

1 份 | 準備時間 5 分鐘

664 大卡 | 蛋白質 29 公克 | 碳水化合物 103 公克 | 脂肪 22 公克

無糖杏仁奶 1 杯
新鮮薄荷葉 4 片
香蕉 1 根，去皮切片
中型酪梨 ½ 個，去皮去核
完整椰棗 3 個（85 公克），去核
黑巧克力豆 1 大匙
香草高蛋白粉 1 勺

1 杏仁奶、薄荷葉、香蕉、酪梨、椰棗、巧克力豆和高蛋白粉全部放入果汁機。

2 攪打至滑順。果昔倒入玻璃杯，即可飲用。

柳橙甜菜根蛋白飲

2 份 | 準備時間 5 分鐘

192 大卡 | 蛋白質 25 公克 | 碳水化合物 25 公克 | 脂肪 0 公克

水 2 杯
甜菜葉 2 杯
甜菜根 2 個，去皮切丁
柳橙 2 個，去皮
香草高蛋白粉 2 勺
檸檬汁 ½ 顆份

1 水、甜菜葉、甜菜根、柳橙、高蛋白粉、檸檬汁放入果汁機。

2 全部食材攪打至滑順。倒入兩個玻璃杯中即可飲用。

藍莓椰香鬆餅麵糊果昔

1 份｜準備時間 5 分鐘

431 大卡｜蛋白質 24 公克｜碳水化合物 67 公克｜脂肪 9 公克

椰汁 ½ 杯

低脂白脫乳 1 杯

2% 茅屋乳酪 ¼ 杯

2% 希臘優格 ¼ 杯

椰子麵粉 1 大匙

蜂蜜或椰棗醬 2 大匙

無糖椰子粉 1 大匙

泡打粉 ½ 小匙

新鮮藍莓 ¼ 杯，另備份量外做裝飾

1 果汁機放入椰汁、白脫乳、茅屋乳酪、優格、椰子麵粉、蜂蜜、椰子粉和泡打粉。攪打至均勻滑順。

2 放入藍莓，續打數分鐘至藍莓被打碎。

3 鬆餅果昔倒入玻璃杯中，放上一小把藍莓，即可飲用。

冰涼南瓜胡桃蛋白棒

9 份｜準備時間 20 分鐘｜烹調時間 25 分鐘，加上冷卻時間

143 大卡｜蛋白質 12 公克｜碳水化合物 12 公克｜脂肪 6 公克

蛋白棒

大型蛋 4 個

南瓜泥 1 杯

純楓糖漿 ¼ 杯

無糖杏仁奶 2 大匙

香草精 1 小匙

椰子麵粉 ⅓ 杯

香草乳清高蛋白粉 2 勺

亞麻籽粉 2 大匙

肉桂粉 2 小匙

泡打粉 ¼ 小匙

肉豆蔻粉 ½ 小匙

海鹽 ¼ 小匙

丁香粉 ⅛ 小匙

配料

香草高蛋白粉 1 勺

室溫水，視需要準備

切碎胡桃 ¼ 杯

1 烤箱預熱至 190˚C。淺烤盤鋪烘焙紙或矽膠烤墊。

2 取一大碗，放入蛋、南瓜、楓糖漿、杏仁奶和香草精。用叉子攪打至混合均勻。

3 取一中碗，放入椰子麵粉、高蛋白粉、亞麻籽、肉桂、泡打粉、肉豆蔻、鹽和丁香，攪拌均勻。

4 慢慢將乾混料拌入南瓜泥混料，直到混合均勻。靜置 2 至 3 分鐘。

5 麵糊分成 8 份，每份約 ⅓ 杯。用手將麵糊整成長方形棒狀（像能量棒），放上準備好的烤盤。

6 蛋白棒烤約 22 至 25 分鐘，至底部呈深金黃色，上方開始裂開即可。取出冷卻 5 分鐘，然後放到網架上。

7 蛋白棒完全冷卻後，準備製作配料。高蛋白粉放入小碗，慢慢倒入水，一邊攪拌，直到質地濃稠滑順。

8 配料放入密封袋，用剪刀剪去一小塊角落，均勻擠在蛋白棒上。撒上切碎的胡桃。

9 讓配料靜置 1 小時或以上使之凝固，效果更佳。蛋白棒可放入密封盒保存。

芒果綠果昔

4 份 │ 準備時間 5 分鐘

271 大卡 │ 蛋白質 13 公克 │ 碳水化合物 37 公克 │ 脂肪 9 公克

雖然你的身體確實長期暴露在有毒物質下，而且有些物質還特別討厭，會堆積在身體脂肪中，但是沒有任何證據顯示流行的「排毒」和「排毒飲食」有助於減輕或完全排除毒素對身體的傷害。

沒錯，你的身體脂肪中確實存有一定含量的有害化學物質，但是飲用大量檸檬汁一整週也不會讓情況好轉。

所以，好好享用綠色果昔吧，因為它們美味又營養——而不是因為它們可以幫你的身體「排毒」。

香蕉 2 根，冷凍更佳，去皮切片
新鮮嫩菠菜 3 杯
新鮮芒果丁 1½ 杯（約 2 顆芒果）
去殼生大麻籽 ¼ 杯
2% 牛奶 3¼ 杯
冰塊 2 杯

1 果汁機放入香蕉片、菠菜、芒果、大麻籽、牛奶和冰塊。

2 攪打至滑順，倒入 4 個玻璃杯中即可飲用。

印度奶茶香蕉蛋白飲

1 份 ｜ 準備時間 10 分鐘，外加泡茶和冷卻茶的時間

243 大卡 ｜ 蛋白質 24 公克 ｜ 碳水化合物 30 公克 ｜ 脂肪 3 公克

水 1 杯

印度香料茶包 2 個

2% 牛奶 ⅓ 杯

2% 希臘優格 ⅓ 杯

香蕉 ½ 根，冷凍更佳，去皮切片

香草高蛋白粉 ½ 勺

瑪卡粉（maca powder）2 小匙（可不加）

冰塊 6 個

肉桂粉，視個人喜好

1 取一小鍋，加水以高溫煮至沸騰。離火放入茶包，讓茶浸泡 30 分鐘，使香料茶的味道完全散發。將茶放入冰箱或冷凍庫使之完全冷卻。

2 茶冷卻後，將牛奶、優格、香蕉、高蛋白粉和瑪卡粉（可不加）倒入果汁機。攪打至滑順。

3 倒入冷茶，繼續攪打至滑順。加入冰塊，繼續攪打至冰塊打碎。

4 蛋白飲倒入玻璃杯，撒上肉桂粉，好好享用吧。

低碳巧克力濃縮咖啡蛋白飲

1 份｜準備時間 5 分鐘

335 大卡｜蛋白質 24 公克｜碳水化合物 11 公克｜脂肪 23 公克

無糖杏仁奶 ¾ 杯
高脂鮮奶油（heavy cream）¼ 杯
冰塊 2 杯
巧克力高蛋白粉 1 勺
無糖可可粉 1 大匙
即溶濃縮咖啡粉 1 小匙，以 2 小匙
　熱水泡開
細白砂糖 1 大匙

1 杏仁奶、鮮奶油、冰塊、高蛋白粉、可可粉、濃縮咖啡液和糖放入果汁機。

2 攪打至所有材料滑順均勻。倒入玻璃杯中立即飲用，或放入冰箱稍後享用。

楓糖核桃蛋白馬芬

12 份｜準備時間 10 分鐘｜烹調時間 25 分鐘，加上冷卻時間

176 大卡｜蛋白質 15 公克｜碳水化合物 15 公克｜脂肪 7 公克

蛋白 3 個，或以 ½ 杯蛋白液取代

無鹽奶油 3 大匙，室溫軟化

楓糖漿 ¼ 杯

2% 牛奶 ½ 杯

全麥麵粉 ½ 杯

小麥胚芽 ¼ 杯

燕麥麩 ¼ 杯

巧克力高蛋白粉 6 勺

泡打粉 2 小匙

烘焙用小蘇打 1 小匙

切碎核桃 ½ 杯

1 烤箱預熱至 180°C。12 格馬芬烤模內放入紙杯模，或是略噴油。

2 取一中碗放入蛋白、奶油、楓糖漿和牛奶。用叉子攪打均勻。

3 取一大碗，放入麵粉、胚芽、燕麥麩、高蛋白粉、泡打粉和烘焙用小蘇打。用刮刀拌勻。

4 用刮刀將濕料倒入乾料中，攪拌至乾料變濕即可。只留下少許肉眼可見的麵粉痕跡時，倒入堅果輕輕拌勻。

5 麵糊分成 12 等份放入馬芬杯，填滿至 ¾ 高度。

6 烘烤 20 至 25 分鐘至頂部呈褐色，馬芬中央插入牙籤，拉出時不沾黏即完成。

7 馬芬留在烤模中冷卻數分鐘再取出。完全冷卻後再食用。剩下的馬芬可放入密封盒保存。

免烤抹茶軟糖棒

10 份 ｜ 準備時間 10 分鐘，冷藏一夜

194 大卡 ｜ 蛋白質 21 公克 ｜ 碳水化合物 12 公克 ｜ 脂肪 7 公克

抹茶富含能對抗疾病的抗氧化物。抹茶其實就是綠茶葉的粉末，富含茶類許多被證明對健康有益的分子，包括降低心臟病、癌症和神經退化狀況等風險[1]。

抹茶中的 EGCG 或許可幫助減重。抹茶的其中一種分子含量特別高——兒茶素，又稱 EGCG——和綠茶的減重優點最有關聯[2]。

抹茶可讓頭腦更清楚。抹茶含有一種叫做茶胺酸的胺基酸，顯示可增進警覺性、集中力、注意力、記憶和情緒[3]。

香草糙米高蛋白粉 8 勺

抹茶粉 4 小匙

燕麥麵粉 ½ 杯

杏仁醬 ⅓ 杯

無糖杏仁奶 1 杯＋ 2 大匙

甜菊糖（Truvia）2 小匙

檸檬皮絲 1 顆份

黑巧克力 57 公克，切碎

1 20×20 公分烤盤鋪烘焙紙，用兩張烘焙紙以不同方向鋪蓋。

2 取一小碗，加入高蛋白粉、抹茶粉和燕麥麵粉。用叉子拌勻，備用。

3 桌上型攪拌器的攪拌缸中放入杏仁醬、杏仁奶、甜菊糖和檸檬皮絲。以低速混合均勻（也可用刮刀手動拌勻）。慢慢加入高蛋白粉乾料，攪拌至均勻。

4 將攪拌好的抹茶軟糖材料倒入準備好的烤盤，用抹刀平均抹開。以保鮮膜包起，冷藏一夜。

5 直接提起烘焙紙，將軟糖放在砧板上，切成 10 塊。

6 以微波爐或隔水加熱，輕輕攪拌至巧克力融化。融化的巧克力淋在軟糖棒上。

7 軟糖棒放入密封盒保存。

免烤巧克力藜麥蛋白棒

8 份｜準備時間 25 分鐘，加上冷卻時間

331 大卡｜蛋白質 11 公克｜碳水化合物 49 公克｜脂肪 13 公克

藜麥的營養密度極高。一杯藜麥就含有 8 公克蛋白質、5 公克纖維，還有每日必攝取之 10 至 60% 不等的多種維他命和礦物質，包括錳、鎂、磷、葉酸、銅、鐵、鋅、鉀，維他命 B1、B2、B6。藜麥甚至還有少量鈣質、菸鹼酸、維他命 E 和 omega-3 脂肪酸。

藜麥的纖維高於絕大多數穀類。依照不同品種，一杯未煮熟的藜麥含有 17 至 27 公克纖維[4]。幾乎是絕大多數穀類的兩倍呢！

藜麥是含麩質穀類之外的選擇。絕大多數的人認為藜麥是穀類，不過事實上藜麥是種子。種子本身就不含麩質，因此對有腹瀉和麩質不耐症者是很好的選擇。

乾藜麥 ⅓ 杯，洗淨

水 ⅔ 杯

完整椰棗 16 個，去核

生杏仁 ½ 杯

杏仁醬 ½ 杯，帶顆粒更佳

巧克力高蛋白粉 ½ 杯

蜂蜜 1 大匙（可不加）

1 藜麥和水放入中型鍋，以中溫煮至沸騰。蓋上鍋蓋，轉至低溫，以小火微沸狀態烹煮 15 分鐘，然後離火。使藜麥冷卻，冷藏至少 2 小時或甚至隔夜。

2 食物調理機的料理杯放入椰棗，攪打成泥狀。將椰棗泥放入小碗。

3 接著，生杏仁放入食物調理機，攪打至接近粉狀的小顆粒。將椰棗泥倒回食物調理機，加上藜麥、杏仁醬、高蛋白粉和蜂蜜（可不加）。攪打至食材充分混合。

4 將攪打好的混料分成 8 份，分別整理成棒狀。冷藏 1 至 2 小時至變硬，放入密封盒保存。

花生醬蛋白漩渦布朗尼

10 份 | 準備時間 15 分鐘 | 烹調時間 25 分鐘

234 大卡 | 蛋白質 12 公克 | 碳水化合物 25 公克 | 脂肪 11 公克

麵糊

鷹嘴豆 1 罐（425 公克），瀝乾沖洗

大型蛋 2 個

無糖可可粉 2 大匙

椰糖 ¼ 杯

鹽 ½ 小匙

花生醬 2 大匙

香草精 2 小匙

原味乳清高蛋白粉 1 勺

黑巧克力 170 公克，切碎，或是巧克力豆 1 杯

配料

2% 希臘優格 ½ 杯

蛋白 2 大匙，或以蛋白液取代

香草精 1 小匙

花生醬 2 大匙

原味乳清高蛋白粉 1 勺

蜂蜜 1 小匙

1 烤箱預熱至 180°C。20×20 公分烤盤噴油。

2 鷹嘴豆、蛋、可可粉、椰糖、鹽、花生醬、香草精和乳清蛋白放入果汁機或食物調理機，攪打至滑順。布朗尼麵糊倒入中型碗。

3 用微波爐和隔水加熱法，輕輕攪拌巧克力至融化。不斷攪拌，將融化的巧克力倒入布朗尼麵糊。麵糊倒入烤盤，用刮刀抹平。備用。

4 取一小碗，放入配料的食材，混合均勻。將配料倒在布朗尼麵糊上。輕輕用刀尖劃出布朗尼漩渦花樣。

5 布朗尼烤 20 至 25 分鐘直到凝固，邊緣呈金黃色。略微冷卻後，切成 10 份。放入密封盒保存。

三 瘦 肉 三

阿多波沙朗 148

俄羅斯酸奶牛肉 150

麥克的最愛漢堡 151

牛肉撈麵 152

兩人份牛肉千層麵 155

鐵板沙朗牛排 156

薩利斯貝里牛排 157

迷你甜椒鑲牛肉和雞肉香腸 158

迷迭香烤羔羊排 160

簡易蜂蜜芥末羔羊腿 162

柳橙燉豬排 163

梅醬裹豬排 163

第戎芥末鼠尾草豬腰內肉 164

番茄燉肯瓊豬排 166

帕瑪森脆皮豬排 167

豬腰內肉青江菜炒米粉 168

現在的科學家都與
「肉會殺死你」站在同一邊。

————

每隔幾個月，就會發表新的科學報告，從心臟病、癌症到各種死因全都歸咎在攝取紅肉上。

接著，主流報章雜誌就會跟風，開始嘩眾取寵。書報攤布滿聳動的標題，像是「紅肉就是不健康」、「十分之一的人因為紅肉而縮短十年壽命」，以及「科學家警告，紅肉可能致命」。

數百萬人望文生義解讀這些警告，因為害怕而將紅肉從飲食中刪除，但是這些喊話是事實嗎？紅肉真的像我們相信的那樣對健康如此危險嗎？

這個嘛，首先你要知道，媒體最擅長歪曲科學研究。

另一件事，就是觀察性報告和實驗性報告之間的差異。

觀察是科學方法的第一步，用意是指出進一步研究的方向，或是建立假設。這些觀察可以用來指出相關性，但是絕對不能用來建立因果關係。

例如，有統計關聯指出在泳池溺死的人數和尼可拉斯·凱吉演出電影的數量有關。

凱吉的電影或許很糟糕，但是致命嗎？我可不認為。

玩笑開夠了，談正經事。重點是，觀察性報告不可能提供足夠的證據，讓數據背後的事真正成立。只有臨床實驗才能讓科學家為測驗和尚未證實的理論打造嚴格、控制下的實驗環境。

然而媒體在乎這些嗎？完全不在乎。他們要的只是微乎其微的一絲關聯性，讓他們可以搶先報頭條宣稱因果關係。

紅肉恐懼就是這麼來的。媒體用了觀察性報告，直接將關聯性當成既定事實報導。

例如，2012 年哈佛的科學家發表一篇研究，追蹤 120,000 位男女，發表單日食用未加工紅肉與增加 13% 各種死亡率有關[1]。單日食用加工紅肉則和增加 20% 死亡率有關。

這份報告讓健康寫作者狂喜不已，幾乎一個晚上急就章寫出文章。一點點小火花形成連鎖閃電，吃紅肉現在就跟抽菸一樣不健康。

不過這篇報告和其發現卻有相當嚴重的問題。

例如，分析受試者的飲食，漢堡被歸類在「未加工紅肉」，而且幾乎是整個類別的主要項目。而且不是手工自製、不施打激素和抗生素的放牧漢堡肉餅，就只是漢堡。速食產品製作的漢堡。

另一個缺點是，這份報告追蹤全穀攝取量，但是並沒有追蹤精製穀類攝取，也就是說，我們並不知道有多少麵包是用麥當勞那種鬆軟的白麵包製作的。

另外一個缺陷，而且相當嚴重，就是這些食物攝取的數據如何採集的。受試者填寫「進食頻率問卷」，上面的食物和飲料選項有限，外加在某一段時間內回報他們多常食用或飲用這些食品。

其中關於食物頻率問卷最主要、而且充分紀錄的問題是，人們常常寫下他們自以為吃的，而非他們真正吃下肚的[2]。讓我們面對這點吧——絕大多數的人根本難以想起前一週吃了什麼，遑論過去半年吃下肚的東西。

這並不是食物頻率問卷的唯一問題。充分紀錄同樣令人傷腦筋的是，人們偏向低估攝取的食物，如加工肉品、蛋、奶油、高脂肪乳製品、美乃滋、乳狀沙拉醬、精製穀類，甜食和甜點，並且高估蔬菜和水果類、堅果、高能量和低能量飲品，以及調味料[3]。

大家也知道，無論是基於社會規範的壓力和其他事情，女性回報的食物通常不若男性精準[4]。

此處的重點是，立基於食物頻率問卷的報告，包括那些每幾個月就會綁架頭條的報告，大都是瞎貓碰上死耗子。

閱讀這些觀察性研究時，也要記住其他因素如生活型態都會影響更大的層面。

例如，當你重讀哈佛報告中關於受試者的生活方式，依照他們的食物回報，吃最多紅肉者也是最少活動、最常抽菸，而且最不可能補充複合維他命的人。他們的每日熱量攝取也較高，體重過重，喝較多酒精飲料，整體而言較少食用健康的食物。

極少到完全不運動、過重、抽菸、經常喝酒，而且吃太多垃圾食物？無論有沒有紅肉，完全是早逝的最佳配方。

現在，哈佛報告僅是為紅肉歇斯底里火上加油的眾多報告之一，不過我們不需要在此全部講解。簡而言之，觀察性報告、設計和執行缺陷，以及其他種種，全都大同小異。

那麼我們現在該怎麼做？嗤之以鼻，大啖特啖紅肉嗎？

不盡然。

研究顯示，有些人（包括我自己）的基因多態性，可能因為以高溫烹調肉類，像是油炸或炙烤和熟透，而增加直腸癌的風險[5]。以這種方式烹調肉類，其中會生成多種可能致癌的成分。

這個關聯性並非拍板定案，但是我寧願打安全牌，少吃炙烤和燒焦的肉。

還有一些有根據的爭議，關於熱狗、火腿、培根產品、已包裝熟火腿等加工肉品，以及其他粉紅色、醃製和以硝酸鈉保存的肉品，對健康的影響。

證據顯示，這些食物中有兩種物質——硝酸鹽和原血紅素——會造成致癌物生成，也就是人體內的亞硝胺，會增加癌症的風險。

因此，可以合理推斷食用過多加工肉品可能導致癌症。無須進行控制性介入，因為基於讓某人可能真的患上癌症一事絕對不可能通過倫理委員會，因為我們無法決斷地說這項發現是絕對的。

個人而言，我以看待炙烤或燒焦肉類的

方式同等看待加工肉品。我並不會害怕吃熱狗和雞塊等等，但是我極少食用這些食品，而我也建議你照辦。

本章真正的重點訊息如下：

- 體重不要過重
- 定期運動
- 不要抽菸
- 限制酒精攝取
- 每天吃數份蔬果
- 避免燒焦的肉

以上照辦，你就可能活得長長久久、充滿活力而且無病無痛。

看懂牛肉標誌

有機……草飼……在地飼養……全天然……

哪些是噱頭，哪些又是真正有意義的字眼呢？讓我們來瞧瞧。

牛肉等級

牛肉切割的「等級」和其油花品質有關，也就是肌間脂肪如何分布在肉中。

「極佳級」（Prime）是最高等級，不過這些部位極少出現在雜貨店。在流入市場以前，餐廳就已大批購入這些部位。

「特選級」（Choice）和「上選級」（Select）表示接下來的兩個等級，而「標準級」（standard）和「商用級」（commercial）牛肉販售時通常不會特別標示。

「綜合級」（utility）、「切割級」

（cutter）和「罐裝級」（canner）通常不會原塊在雜貨店販售，而可能做成商用絞肉，像是漢堡肉排，或是加工肉品，包括熱狗和法蘭克福香腸。

認證

美國農業部並沒有關於牛肉的認證。「認證」（certified）一詞通常和農業部其他標章並用（例如「認證特選」牛肉，certified choice）。

然而，由其他組織經由認證過程認證牛肉，只要該組織清楚標示，即為合法（例如「888 農莊認證牛肉」）。

有機

牛肉唯有符合美國農業部的準則，生長過程不使用激素、基改作物飼料或餵食動物性副產品，才能標示為「有機」。

不過要特別注意，這項標準並沒有提到如何對待動物，這點對許多肉食者而言特別重要。

草飼

有些報告表示，比起穀飼和穀料育肥的牛隻，主要草飼的牛隻產出的牛肉含有更多營養素，飽和脂肪也較少[7]。

美國農業部有草飼牛標章程序，不過刻意缺少第三方認證，基本上代表此標章可能有或沒有意義，一切皆取決於農場的良心。

如果你想要買可以信任的草飼牛肉，可以選擇美國草飼協會認證的「100% 草飼」或「草飼育肥」標示。

天然

根據美國農業部，只要是幾乎沒有加工、而且不含人工添加物或防腐劑的牛肉，都能貼上「天然」和「全天然」標章，不過由於幾乎所有新鮮肉品都符合此標準，因此這個句子相對而言沒有意義。

在地飼養

由於美國農業部關於何處和何時「在地飼養」的模糊標準，這又是一個可以貼在牛肉包裝上的曖昧不明的標示。

想要知道你購買的牛肉是否真的為在地飼養，詢問肉販關於肉品的細節，或是直接到當地農場購買。

人道飼養

不同的團體為「人道飼養」一詞設定了自己的標準和認證過程。

HFAC ／ Certified Humane、動物福利證明（AWA）、美國人道認證（American Humane Certified），以及全球動物夥伴（Global Animal Partnetship）組織的標準相當嚴格，而且非常透明化。

猶太祝禱／清真

猶太祝禱和清真標示，代表牛肉是依照猶太（Kocher）和穆斯林（Halal）宗教屠宰。

安格斯牛和牛、神戶牛

這些標示表示牛肉來源的牛隻類型。

安格斯牛肉來自安格斯牛，由於風味絕佳、肉質軟嫩，是美國最受歡迎的肉牛品種。

檢視是否有美國安格斯牛協會（American Angus Associaion）頒發的安格斯牛認證標章。只有 8% 的牛肉符合該協會嚴厲的十分制認證標準。

和牛不意外地來自日本和牛牛隻，天生就有豐富油花，富含不飽和脂肪。

「神戶」牛意指和牛中的其中一種血統，因風味和質地還有著名的飼養方式而備受推崇，包含以啤酒餵養和用清酒為牛隻按摩。

結語

如你所見，牛肉標章其實非常行銷導向。

不要為「天然」牛肉多花錢，因為這項宣稱根本沒有意義。

不要為「草飼」和「在地飼養」特意多花錢，因為許多情況下這些標示也是沒有意義的。

很多人感覺「特選」和「上選」牛肉味道比「標準級」和「商用級」好。

個人而言，我主要吃有機肉品純粹是為了減少接觸殺蟲劑和其他可能有害健康的化學物質。

除非我能夠親自確認肉品來源的農場，否則我並不是非常在意「在地飼養」標章。

最後，如果預算允許，偶爾犒賞自己一塊和牛牛排吧，實在美味極了。

阿多波沙朗

4 份 | 準備時間 5 分鐘，外加 2 小時醃漬 | 烹調時間 10 分鐘，外加 10 分鐘靜置

237 大卡 | 蛋白質 39 公克 | 碳水化合物 2 公克 | 脂肪 7 公克

萊姆汁 1 顆份
蒜末 1 小匙
乾奧勒岡 1 小匙
孜然粉 1 小匙
罐裝阿多波醬汁中的奇波雷辣椒切
　　碎 2 小匙，外加醬汁 2 大匙
沙朗牛排（170 公克）4 片，切去
　　脂肪
鹽、現磨黑胡椒，視個人喜好

1 取一小碗，放入萊姆汁、大蒜、奧勒岡、孜然、辣椒和阿多波醬汁，混合均勻。

2 肉以鹽和胡椒調味。將牛排和阿多波醬汁放入大型密封袋中，封緊，搖晃使牛排裹滿醬汁。冷藏至少 2 小時，期間不時晃動。

3 以高溫加熱條紋炙燒烤盤。烤盤略噴油，熱度足夠後，放上牛排烤至喜愛的熟度，兩面約各烤 4 至 5 分鐘。牛排離火靜置 10 分鐘，即可食用。

俄羅斯酸奶牛肉

4 份｜準備時間 10 分鐘｜烹調時間 20 分鐘，外加 5 分鐘靜置

301 大卡｜蛋白質 29 公克｜碳水化合物 6 公克｜脂肪 16 公克

鹽、現磨黑胡椒，視個人喜好

雞蛋麵 227 公克

牛腰內肉 454 公克，切除脂肪，切片

特級冷壓初榨橄欖油 2 大匙

中型洋蔥 ½ 個，切片

蘑菇 113 公克，切片

玉米澱粉 1 大匙

濃縮牛清湯（298 公克）1 罐，分成兩份

第戎芥末醬 1 小匙

大蒜 1 瓣，去皮切末

白酒 3 大匙

伍斯特醬 ½ 大匙

低脂酸奶油 2 大匙

減脂奶油乳酪（cream cheese）2 大匙

1 大湯鍋裝滿加鹽的水，以高溫加熱至沸騰。依照麵條的包裝指示煮麵。取出瀝乾備用。

2 同時間，以鹽和胡椒為肉調味。大鑄鐵平底鍋放入油，以中溫加熱。放入牛肉，每一面煎至上色，然後推到鍋子的一邊。

3 放入洋蔥和蘑菇，翻炒 3 至 5 分鐘到變軟。推到鍋子一邊和牛肉一起備用。玉米粉和 2 大匙冷牛清湯放入小碗混合均勻，倒入鍋中，用湯汁洗起鍋底焦渣。

4 倒入其餘的牛清湯，不時攪拌，煮至沸騰。降至低溫，然後拌入芥末、大蒜、白酒和伍斯特醬。蓋上鍋蓋，小火微沸煮 10 分鐘。

5 牛肉煮熟的前 2 分鐘，拌入酸奶油和奶油乳酪。充分拌勻，牛肉在醬汁中煮熟。靜置 5 分鐘，即可享用。

麥克的最愛漢堡

4 份 ｜準備時間 5 分鐘｜烹調時間 12 分鐘
516 大卡｜蛋白質 42 公克｜碳水化合物 29 公克｜脂肪 26 公克

92% 牛瘦絞肉 680 公克
第戎芥末醬 4 大匙
鹽、現磨黑胡椒
低碳水番茄醬（ketchup）½ 杯
低脂美乃滋 ½ 杯
紅酒醋 1 大匙
伍斯特醬 2 小匙
全麥漢堡麵包 4 個
三明治酸黃瓜 4 個，橫剖為二

1 以高溫加熱條紋炙燒烤盤，烤盤略噴油。

2 牛肉、芥末、鹽和胡椒放入大碗，混合均勻。分成 4 等份，做成漢堡肉餅的形狀，放在條紋炙燒烤盤上烤 5 至 6 分鐘。

3 同時間，在小碗中混合番茄醬、美乃滋、醋和伍斯特醬。

4 麵包剖半，切面放在烤盤上烤約 10 秒鐘至深金黃色。

5 漢堡肉放在麵包上，擺上酸黃瓜和醬汁即完成。

牛肉撈麵

1 份 │ 準備時間 10 分鐘 │ 烹調時間 15 分鐘
524 大卡 │ 蛋白質 49 公克 │ 碳水化合物 50 公克 │ 脂肪 14 公克

鹽，視個人喜好
全麥義大利麵 57 公克
芝麻油 1 小匙
沙朗牛排（170 公克）1 片，去除
　　脂肪，切條
荷蘭豆 ¼ 杯，去絲
青花菜花蕾 ¼ 杯
胡蘿蔔絲 ¼ 杯
青蔥 1 根，切碎
紅辣椒片 ⅛ 小匙
大蒜 ½ 瓣，去皮切末
低鈉醬油 2 大匙
去皮現磨鮮薑 ½ 小匙
烘烤過的芝麻 1 小匙

1 中型湯鍋裝鹽水，以高溫煮至沸騰。依照包裝上的指示煮義大利麵。撈出瀝乾備用。

2 同時間，以中高溫加熱炒鍋或大鑄鐵平底鍋。放入牛肉翻炒 4 到 6 分鐘至褐色。取出離火備用。

3 放入荷蘭豆、青花菜、胡蘿蔔、青蔥、紅辣椒片和大蒜。不斷翻炒約 2 至 3 分鐘。

4 拌入醬油、薑、備用的麵條和牛肉。混合均勻，翻炒至整體熱燙。

5 撈麵離火倒出鍋子，撒上芝麻即可享用。

兩人份牛肉千層麵

2 份 │ 準備時間 10 分鐘 │ 烹調時間 60 分鐘，外加 10 分鐘靜置
624 大卡 │ 蛋白質 41 公克 │ 碳水化合物 65 公克 │ 脂肪 19 公克

特級冷壓初榨橄欖油 1 小匙
92% 牛瘦絞肉 227 公克
小型洋蔥 ½ 個，切碎
乾奧勒岡 ½ 小匙
現磨黑胡椒少許
番茄糊 2 杯
低脂瑞可塔乳酪 1 杯
帕瑪森乳酪刨粉 1 大匙
免煮千層麵 6 片
櫛瓜 1 條，切薄片

1 烤箱預熱至 180˚C。

2 以中高溫加熱大型不沾鑄鐵平底鍋，熱油。鍋中放入牛肉、洋蔥、奧勒岡和黑胡椒，用木杓將絞肉切散成小塊。煮 6 至 8 分鐘，不時翻炒，直到肉熟透。拌入番茄糊，煮至沸騰後離火。

3 在小碗中混合瑞可塔乳酪和帕瑪森乳酪。

4 製作千層麵，在 23×33 公分的烤盤中層疊食材：從 ½ 杯肉醬，2 片麵和 ½ 杯乳酪開始，加上 ½ 杯肉醬和一半份量的櫛瓜片，繼續疊上 2 片麵，剩下的 ½ 杯乳酪、½ 杯肉醬，以及剩下的櫛瓜片。最後倒入剩下的 ½ 肉醬和兩片麵。

5 以鋁箔紙包起烤盤，放入烤箱烤 30 分鐘。移去鋁箔紙，續烤 15 分鐘。

6 千層麵取出烤箱，靜置至少 10 分鐘，即可切分食用。

鐵板沙朗牛排

4 份 ｜ 準備時間 5 分鐘，外加 2 小時醃漬 ｜ 烹調時間 10 分鐘，外加 10 分鐘靜置

279 大卡 ｜ 蛋白質 40 公克 ｜ 碳水化合物 10 公克 ｜ 脂肪 7 公克

低鈉醬油 ⅓ 杯
糖蜜 2 大匙
第戎芥末醬 2 小匙
大蒜 3 瓣，去皮切末
去皮現磨鮮薑 2 小匙
沙朗牛排（170 公克）4 份，切去
　　脂肪
鹽、現磨黑胡椒，視個人喜好

1 在小碗中混合醬油、糖蜜、第戎芥末醬、大蒜和薑。攪拌至混合均勻。

2 牛排放入大密封袋，以鹽、胡椒調味，倒入醃漬醬汁。封緊後搖晃使牛排裹滿醬汁，冷藏牛排至少 2 小時，不時搖晃。

3 以高溫加熱條紋炙燒烤盤。烤盤略噴油。熱度足夠後，放上牛排炙烤 4 分鐘，不翻面。然後以料理夾夾住牛排翻面，視喜愛的熟度炙烤 4 到 6 分鐘。牛排靜置 10 分鐘，即可食用。

薩利斯貝里牛排

5 份 ｜ 準備時間 10 分鐘 ｜ 烹調時間 15 分鐘
216 大卡 ｜ 蛋白質 24 公克 ｜ 碳水化合物 11 公克 ｜ 脂肪 8 公克

蘑菇切片 3 杯，分成兩份
92% 牛瘦絞肉 454 公克
原味麵包粉 ¼ 杯
蛋白 2 個，或以 6 大匙蛋白液代替
2% 牛奶 ¼ 杯
乾百里香 ¼ 小匙
低碳水番茄醬 3 大匙，分成兩份
脫脂牛肉肉汁（340 公克）1 罐

1 1 杯蘑菇片切碎，另外 2 杯備用。

2 取一中型碗，放入碎蘑菇、牛絞肉、麵包粉、蛋白、牛奶、百里香，和 1 大匙番茄醬。攪拌至整體混合均勻。製作 5 個橢圓形肉餅，約 1 公分厚。

3 大型不沾鑄鐵平底鍋噴油，以中高溫加熱。放入肉餅，煎至兩面呈褐色，每面約 2 至 3 分鐘。

4 剩下的 2 杯蘑菇加入鍋中，加入剩下的 2 大匙番茄醬，倒入肉汁。混合均勻，煮至沸騰；降至低溫。蓋上鍋蓋，小火微沸煮 5 到 10 分鐘，直到肉餅完全煮熟。肉餅牛排和肉汁一起裝盤即完成。

迷你甜椒
鑲牛肉和雞肉香腸

4 份 | 準備時間 35 分鐘 | 烹調時間 40 分鐘
279 大卡 | 蛋白質 16 公克 | 碳水化合物 35 公克 | 脂肪 10 公克

特級冷壓初榨橄欖油 1 大匙
切碎的洋蔥 1 杯
92% 牛瘦絞肉 114 公克
雞肉香腸 114 公克，去腸衣
煮熟的中粒米 ½ 杯
切碎的青蔥 ¼ 杯
甜紅椒粉 1 小匙
卡宴辣椒粉 ½ 小匙
乾奧勒岡 1 小匙
鹽、現磨黑胡椒，視個人喜好
迷你甜椒 24 個，去籽，切下頂部

1 烤箱預熱至 200˚C。

2 大鑄鐵平底鍋放油，以中溫加熱。放入洋蔥，不時拌炒，直到洋蔥轉為半透明呈淺褐色。

3 洋蔥離火，倒入中碗。碗裡放入牛肉、香腸肉、米、青蔥、紅椒粉、卡宴辣椒粉、奧勒岡、鹽和胡椒。混合均勻。

4 用湯匙將肉餡填入甜椒。甜椒放入淺烤盤，包上鋁箔紙。

5 甜椒烘烤 30 分鐘，或直到頂部金黃香脆。趁熱享用。

迷迭香烤羔羊排

4 份｜準備時間 15 分鐘，外加 1 小時醃漬｜烹調時間 8 分鐘，外加 10 分鐘靜置
269 大卡｜蛋白質 20 公克｜碳水化合物 2 公克｜脂肪 19 公克

特級冷壓初榨橄欖油 1 大匙
檸檬汁 1 顆份
大蒜 3 瓣，去皮切末
切碎的新鮮迷迭香葉 1 大匙
鹽、現磨黑胡椒，視個人喜好
小羊排（113 公克）8 塊，切去脂
　　肪

1 取一小碗，放入橄欖油、檸檬汁、大蒜和迷迭香混合均勻。

2 羊排放入大型密封袋，以鹽、黑胡椒調味，倒入醃漬醬汁。封緊後搖晃，使羊排裹上醬汁，冷藏至少 1 小時和隔夜，不時搖晃。

3 以中高溫加熱條紋炙燒烤盤。烤盤略噴油。

4 倒掉醃漬汁。烤盤熱度足夠後，放上羊排炙燒，兩面各 4 分鐘。羊排靜置 10 分鐘，裝盤，每人 2 塊羊排。

簡易蜂蜜芥末烤羊腿

8 份 ｜ 準備時間 10 分鐘 ｜ 烹調時間 1 小時 5 分鐘，加上 10 分鐘靜置

441 大卡 ｜ 蛋白質 54 公克 ｜ 碳水化合物 12 公克 ｜ 脂肪 35 公克

蜂蜜 ¼ 杯
第戎芥末醬 5 大匙
切碎的新鮮百里香葉 2 大匙
大蒜 3 瓣，去皮切末
鹽、現磨黑胡椒，視個人喜好
全羊腿 2,270 公克

1 烤箱預熱至 230°C。

2 取一小碗，放入蜂蜜、芥末、百里香、大蒜、鹽和胡椒。混合均勻。

3 羊腿放上烤肉用烤盤的架子上。蜂蜜芥末醬塗滿羊腿，揉按。烘烤 20 分鐘。

4 烤箱溫度降至 200°C，續烤 45 分鐘。若喜歡五分熟，肉的中心溫度要至少為 60°C。

5 取出羊腿靜置 10 分鐘，即可切分享用。

柳橙燉豬排

4 份｜準備時間 5 分鐘｜烹調時間 25 分鐘

247 大卡｜蛋白質 38 公克｜碳水化合物 13 公克｜脂肪 4 公克

無骨豬排（170 公克）4 個，切去脂肪
鹽、現磨黑胡椒，視個人喜好
罐頭椪柑（312 公克）1 罐，瀝乾水分
丁香粉 ½ 小匙

1 豬排以鹽、胡椒調味，壓按使調味料入味。

2 大鑄鐵平底鍋噴油，以中高溫加熱。放入豬排，煎至兩面金黃。倒入椪柑，撒入丁香粉。

3 蓋上鍋蓋，轉小火。燉 20 至 25 分鐘，直到肉熟透，即可食用。

梅醬裹豬排

4 份｜準備時間 5 分鐘｜烹調時間 10 分鐘

229 大卡｜蛋白質 39 公克｜碳水化合物 8 公克｜脂肪 4 公克

無骨豬排（170 公克）4 個，切去脂肪
鹽 ¼ 小匙
現磨黑胡椒 ¼ 小匙
中式梅子醬 ¼ 杯
黃芥末 4 小匙

1 豬排以鹽、胡椒調味。大型不沾鑄鐵平底鍋噴油，以中高溫加熱。

2 豬排下鍋，兩面各煎約 3 分鐘，直到中心不再呈粉紅色。

3 取一小碗，放入梅子醬和芥末。將醬汁刷在豬排上，即可食用。

第戎芥末鼠尾草豬腰內肉

4 份 │ 準備時間 5 分鐘 │ 烹調時間 25 分鐘，加上 10 分鐘靜置

172 大卡 │ 蛋白質 26 公克 │ 碳水化合物 1 公克 │ 脂肪 6 公克

豬腰內肉 454 公克，切去脂肪
特級冷壓初榨橄欖油 1 大匙
鹽、現磨黑胡椒，視個人喜好
第戎芥末醬 2 大匙
大蒜 2 瓣，去皮切末
切碎的新鮮鼠尾草 1 大匙

1 烤箱預熱至 190˚C。淺烤盤噴油，備用。

2 用廚房紙巾拍乾豬肉，以鹽和黑胡椒調味。

3 取不沾鑄鐵平底大鍋，放入油，以高溫加熱。鍋子熱燙但尚未冒煙時，放入豬肉，不斷翻動，直到每一面都呈褐色，約需 4 分鐘。豬肉放到預備好的烤盤上。

4 豬肉上塗滿芥末、大蒜和鼠尾草。放在烤箱的中層烘烤約 20 分鐘，直到插入式溫度計顯示中央溫度為 63˚C。

5 豬肉放在砧板上，以鋁箔紙包起，靜置 10 分鐘，即可切片裝盤。

番茄燉肯瓊豬排

4 份｜準備時間 10 分鐘｜烹調時間 15 分鐘

190 大卡｜蛋白質 32 公克｜碳水化合物 6 公克｜脂肪 3 公克

無骨豬排（142 公克）4 個，1 公分
　　厚，切去脂肪
無鹽超辣綜合調味粉（肯瓊粉）2
　　小匙
中型黃洋蔥 ½ 個
墨西哥辣椒 1 個，去籽切碎
番茄丁罐頭（410 公克）1 個，不
　　用瀝水

1 豬排兩面皆揉進辣味綜合香料。

2 大型不沾鑄鐵平底鍋噴油，以中高溫加熱。放入洋
蔥和辣椒，翻炒約 2 分鐘至稍微變軟，推至鍋邊。

3 豬排放入平底鍋另一邊。煎約 3 分鐘，只翻面一次，
讓兩面皆呈褐色。

4 倒入番茄。湯汁開始沸騰時，轉至小火，蓋上鍋蓋。
煮 6 至 8 分鐘，直到豬排中央不再呈粉紅色。豬排裝
盤，淋上醬汁。

帕瑪森脆皮豬排

4 份 | 準備時間 5 分鐘 | 烹調時間 22 分鐘
256 大卡 | 蛋白質 42 公克 | 碳水化合物 6 公克 | 脂肪 6 公克

2% 牛奶 ¼ 杯

帕瑪森乳酪刨絲 ¼ 杯

調味麵包粉 ¼ 杯

鹽 ¼ 小匙

胡椒 ⅛ 小匙

蒜粉 ¼ 小匙

無骨豬排（170 公克）4 個，1 公分
　　厚，切去脂肪

1 烤箱預熱至 190˚C。淺烤盤噴油。

2 牛奶放入淺盤。另取一個淺盤，倒入乳酪、麵包粉、
鹽、胡椒和蒜粉，混合均勻。

3 每片豬排浸入牛奶，然後裹上麵包粉。豬排放上預
備好的烤盤。

4 豬排放入烤箱烘烤 9 至 11 分鐘至兩面上色。

豬腰內肉青江菜炒米粉

4 份｜準備時間 5 分鐘｜烹調時間 15 分鐘

413 大卡｜蛋白質 28 公克｜碳水化合物 54 公克｜脂肪 8 公克

鹽，視個人喜好
米粉 227 公克
水 ⅓ 杯
紹興酒或不甜雪莉酒 ¼ 杯
低鈉醬油 2 大匙
玉米澱粉 2 小匙
花生油或芥花油 1 大匙
洋蔥 1 個，切薄片
青江菜 454 公克，去硬梗，切段
豬腰內肉 454 公克，切去肥肉，切
　　片
大蒜 2 瓣，去皮切末
大蒜辣椒醬（參巴醬，sambal
　　oelek）1 大匙

1 大湯鍋加鹽水，以高溫煮至沸騰。依照包裝指示煮熟米粉。瀝乾備用。

2 取一小碗，放入水、紹興酒、醬油和玉米澱粉。

3 荷蘭鍋加油，以中溫加熱。鍋熱後，放入洋蔥，翻炒 2 至 3 分鐘，直到變軟。放入青江菜不時翻炒約 5 分鐘，直到菜變軟。

4 放入豬肉、大蒜和大蒜辣椒醬。不時翻炒約 1 分鐘，直到豬肉熟透。

5 迅速攪拌玉米澱粉濕料，倒入荷蘭鍋。煮至沸騰，不斷攪拌約 2 分鐘，直到醬汁變稠。豬肉炒青江菜放在米粉上，即可享用。

禽肉

雞肉法士達 174

雞肉塊墨西哥餡餅 176

雞肉香菇緞帶麵 177

豐收雞肉燉菜 179

日式照燒雞 180

增肌肉丸 181

橙香蜂蜜醬汁雞肉 182

泰式羅勒雞 184

咖哩雞 186

簡易義大利帕瑪森雞肉 187

炒雞肉青花菜 189

希臘皮塔餅披薩 190

義式獵人燉雞肉 191

墨西哥肉糕 192

雞肉鷹嘴豆蝴蝶麵沙拉 194

匈牙利紅椒燉雞 195

青醬雞肉義大利麵 196

澳式雞肉 198

5 種美味雞肉醃醬 199

在許多人的心目中，
雞肉各方面都比不上牛排、
小牛肉或豬肉。

———

雞肉被視為「藍領」階層的主要蛋白質來源：普及、實惠，而且平淡無味。

但是雞肉並非如此。如你所見，雞肉就像一張白紙，可以任你在上面揮灑各式各樣充滿風味的料理。

除了做為紅肉之外的選擇，雞肉對健康也有許多好處：

* 雞肉含有豐富蛋白質且低脂低熱量。100 公克的雞胸肉就含有 23 公克蛋白質和 1 公克脂肪。
* 雞肉富含微量營養素。雞肉的磷和鈣含量對骨骼健康很有好處。此外也含有豐富的硒，和降低關節炎的風險有關，也含有維他命 B5 和左旋色胺酸，兩者皆有能讓情緒平穩、抗焦慮的作用。
* 雞肉可增進心臟健康。雞肉是絕佳的維他命 B6 來源，在人體內可降低同型半胱氨酸的含量，這是一種與增加心臟病風險有關的分子。雞肉中的菸鹼酸也有助於降低膽固醇，進而降低心臟病風險。
* 雞肉有助於強化免疫系統。生病的時候，爸媽總是端上雞湯麵給你吃是有原因的，除了感覺療癒和提供蒸氣幫助緩解鼻塞，雞湯本身也能降低一般感冒帶來的發炎不適感 [1]。

這些禽肉的好處不只雞胸肉才有，顏色較深的禽肉如火雞肉和鴨肉，除了擁有許多雞肉的健康優點，還有更寬廣的風味能夠實驗。

現在，在我們踏入雞肉食譜之前，先來瞧瞧來源和標章吧。

一般而言，來自當地、人道對待、天然飼養的雞肉的品質最優秀。然而，如果買不到這種雞肉，可利用以下標章的資訊，選擇你負擔得起的最佳雞肉。

官方標章方面，美國農業部的農產行銷部門（AMS）會監督所有在美國用於販售和行銷肉類的字詞。以下是你必須認識的幾個字彙：

雞肉等級

AMS 會依照雞隻屠宰前後的生理狀況為其分級，例如豐滿程度、骨架，以及脂肪含量。可分為 A、B 或 C 級，其中 A 為最高等級。

放養

雖然這個詞通常用在人道飼養的雞肉上，不過嚴格的 AMS 定義規定，只有「一生中持續且圈養在可接觸草地」的雞隻才算放養。

實際上，這包含了全放養雞隻，到大量集約飼養、可通往戶外但幾乎沒有機會踏出雞舍的雞。

不關籠

另一個類似容易誤導人的詞彙「不關籠」，僅適用於蛋雞，讓牠們能夠「在雞舍或封閉區域內自由走動」。

不過你可能知道，商用雞生產過程很少採用籠子（這些雞反而全都關在大型開放式農舍），因此這個詞彙相當沒有意義。

不使用抗生素

終於有一個行銷字彙是真正有意義的！

根據 AMS，宣稱不使用抗生素的雞隻，必須從出生到屠宰都不使用抗生素。

不使用生長激素

1959 年起，對雞隻施用生長激素和睪固酮，在美國已是不合法，但是許多生產商仍繼續在包裝上使用這個詞彙。

自然飼養

不同於「天然」雞肉，自然飼養的雞隻必須只吃蔬食，免除偶爾在雞隻飼料中會發現的屠宰副產品之感染；雞隻也不可施用抗生素和生長激素。

有機

要定義為「有機」雞肉，就必須是自然飼養的雞，而且能夠自由放養，給予無殺蟲劑和化肥的有機認證飼料。

雞肉法士達

4 份 │ 準備時間 5 分鐘，外加 30 分鐘醃漬 │ 烹調時間 12 分鐘

445 大卡 │ 蛋白質 46 公克 │ 碳水化合物 44 公克 │ 脂肪 9 公克

伍斯特醬 1 大匙

蘋果醋 1 大匙

低鈉醬油 1 大匙

辣椒粉 1 小匙

大蒜 1 瓣，去皮切末

辣醬少許

去皮去骨雞胸肉（170 公克）4 個，
　　去除脂肪，切片

植物油 1 大匙

中型洋蔥 1 個，切薄片

青椒 1 個，去籽切片

鹽、現磨黑胡椒，視個人喜好

全麥玉米餅（6 吋）8 片

檸檬汁 ½ 顆份

1 取一大密封袋，放入伍斯特醬、醋、醬油、辣椒粉、大蒜和辣醬。放入雞肉條。封緊後搖晃至雞肉條裹滿醬汁。靜置室溫醃漬 30 分鐘（或冷藏數小時），不時晃動。

2 大平底鍋放油，以高溫加熱。放入雞肉條和醃漬汁，煎炒 5 至 6 分鐘。

3 鍋中加入洋蔥和青椒，以鹽和胡椒調味，繼續翻炒 3 至 4 分鐘，直到雞肉熟透。離火。

4 取一不沾鑄鐵平底鍋加熱玉米餅，微波加熱亦可。玉米餅放上法士達混料，擠上檸檬汁即可享用。

雞肉塊墨西哥餡餅

2 份｜準備時間 5 分鐘｜烹調時間 15 分鐘

315 大卡｜蛋白質 30 公克｜碳水化合物 28 公克｜脂肪 9 公克

去皮去骨雞胸 1 個（170 公克），
　　去除脂肪
低脂酸奶油 1 大匙
全麥玉米餅（8 吋）2 個
莎莎醬 ⅓ 杯
切絲萵苣 1 杯
低脂切達乳酪絲 ⅓ 杯

1 中型不沾鑄鐵平底鍋噴油，以中溫加熱。放入雞肉，兩面各煎煮 3 至 5 分鐘。雞肉熟透後，取出鍋子放在砧板上。

2 酸奶油塗在 1 張玉米餅上，雞胸肉切條疊在酸奶油上，擺上莎莎醬和萵苣。撒上乳酪，疊上另一張玉米餅。

3 平底鍋再度噴油，以低溫加熱。餡餅兩面各加熱 3 分鐘，用大型刮刀翻面，直到呈金黃色。離火，切片即可食用。

雞肉香菇緞帶麵

4 份｜準備時間 10 分鐘｜烹調時間 20 分鐘

444 大卡｜蛋白質 33 公克｜碳水化合物 43 公克｜脂肪 13 公克

鹽、現磨黑胡椒，視個人喜好

全麥緞帶麵 227 公克

特級冷壓初榨橄欖油 2 大匙

去皮去骨雞胸肉（170 公克）2 個，
　　去除脂肪，切條

大蒜 3 瓣，去皮切末

去梗切片香菇 57 公克（約 1 至 1½
　　杯）

檸檬皮絲 2 小匙

檸檬汁 2 大匙

帕瑪森乳酪刨絲 ½ 杯

切碎的新鮮羅勒 ½ 杯

1 大湯鍋放水，加少許鹽，以高溫煮至沸騰。依照緞帶麵包裝上的指示烹煮。取出瀝乾，留煮麵水 ½ 杯備用。

2 同時間，不沾大鑄鐵平底鍋加油，以中溫加熱。放入雞肉條，翻炒 3 至 4 分鐘。

3 放入大蒜和香菇，不時翻炒 4 至 5 分鐘，直到香菇變軟。拌入檸檬皮絲、檸檬汁、鹽和胡椒。離火。

4 緞帶麵放入鍋中，加入預留的煮麵水、帕瑪森乳酪和羅勒。混合均勻即可裝盤。

豐收雞肉燉菜

6 份 │ 準備時間 15 分鐘 │ 烹調時間 1 小時 10 分鐘
324 大卡 │ 蛋白質 44 公克 │ 碳水化合物 31 公克 │ 脂肪 3 公克

去皮去骨雞胸肉（170 公克）6 個，
　　去除脂肪，切成方塊
茄子 454 公克，去皮，切成 2.5 公
　　分見方（約 4 杯）
紅皮小馬鈴薯 10 至 12 個，切塊（約
　　4 杯）
胡蘿蔔 4 個，去皮切塊
中型洋蔥 3 個，切成四等份
低鈉清雞湯 3½ 杯
切碎的新鮮巴西里 ¾ 杯
切碎的新鮮百里香葉 2 大匙
鹽 ¼ 小匙
現磨黑胡椒 ¼ 小匙
水 ½ 杯
全麥麵粉 2 大匙

1 烤箱預熱至 180°C。

2 取可入烤箱的荷蘭鍋，放入雞肉、茄子、馬鈴薯、胡蘿蔔、洋蔥、清雞湯、巴西里、百里香、鹽和胡椒。蓋上鍋蓋，放入烤箱烘烤 50 分鐘。

3 水和麵粉放入密封盒或小密封袋。用力搖晃使之混合均勻，倒入燉菜攪拌均勻。

4 荷蘭鍋放回烤箱，續烤約 20 分鐘，至馬鈴薯變軟，雞肉熟透。取出烤箱，即可裝盤享用。

日式照燒雞

4 份｜準備時間 5 分鐘｜烹調時間 15 分鐘

225 大卡｜蛋白質 41 公克｜碳水化合物 5 公克｜脂肪 2 公克

低鈉醬油 ½ 杯

雪莉酒或烹飪用白酒 ½ 杯

低鈉清雞湯 ½ 杯

薑末 ½ 小匙

蒜粉少許

切碎的青蔥 ½ 杯

去皮去骨雞胸肉（170 公克）4 個，
去除脂肪，切 5 公分見方

1 若以竹籤代替鐵籤，先泡水 30 分鐘，以免竹籤著火。

2 取一小鍋，加入醬油、雪莉酒、清雞湯、薑、蒜粉和青蔥，以中高溫煮至沸騰後，立即離火，備用。

3 預熱烤箱的上火。雞肉串上烤籤。

4 烤盤噴油，擺上雞肉串。每串雞肉刷上醬汁。

5 烤盤放在上火下方，烤約 3 分鐘至雞肉呈褐色。取出烤盤，雞肉串翻面，再度刷上醬汁。

6 烤盤放回上火處，烤至雞肉熟透，呈漂亮的褐色，即可享用。

增肌肉丸

4 份（每份 4 顆肉丸）│準備時間 10 分鐘│烹調時間 20 分鐘

316 大卡│蛋白質 40 公克│碳水化合物 10 公克│脂肪 13 公克

93% 火雞瘦絞肉 680 公克

蛋白 2 個，或以蛋白液 6 大匙取代

烘烤過的小麥胚芽 ½ 杯

快煮燕麥 ¼ 杯

完整亞麻籽 1 大匙

帕瑪森乳酪刨絲 1 大匙

萬用調味粉 ½ 小匙

現磨黑胡椒 ¼ 小匙

1 烤箱預熱至 200˚C。23×33 公分的烤盤噴油。

2 取一大碗，放入所有食材，輕輕混合至均勻。

3 絞肉捏成 16 顆肉丸，放在烤盤上。

4 烤 7 分鐘，用刮刀將肉丸翻面。放回烤箱，續烤 8 至 13 分鐘，直到中央不再呈粉紅色，即可裝盤食用。

橙香蜂蜜醬汁雞肉

4 份｜準備時間 5 分鐘｜烹調時間 25 分鐘
216 大卡｜蛋白質 39 公克｜碳水化合物 10 公克｜脂肪 2 公克

去皮去骨雞胸肉（170 公克）4 個，
　　去除脂肪
柳橙汁 2 大匙
蜂蜜 2 大匙
檸檬汁 1 大匙
鹽 ⅛ 小匙

1 烤箱預熱至 190℃。

2 取 23×33 公分烤盤噴油，放入雞肉。

3 取一小碗，放入柳橙汁、蜂蜜、檸檬汁和鹽混合均勻。每塊雞肉的兩面皆塗上醬汁。

4 烤盤包上鋁箔紙烤 10 分鐘。移除鋁箔紙，雞肉翻面。雞肉續烤 10 至 15 分鐘，直到熟透，流出的汁液為清澈透明即完成。

泰式羅勒雞

4 份｜準備時間 5 分鐘｜烹調時間 15 分鐘

220 大卡｜蛋白質 40 公克｜碳水化合物 5 公克｜脂肪 4 公克

去皮去骨雞胸肉（170 公克）4 個，
　去除脂肪
大蒜 3 瓣，去皮切末
墨西哥辣椒 2 個，切末
魚露 1 大匙
細白砂糖 1 大匙
切碎的新鮮羅勒 ¼ 杯
切碎的新鮮薄荷 1 大匙
切碎的無鹽烤花生 1 大匙

1 每塊雞胸肉切成 8 條。備用。

2 大型不沾鑄鐵平底鍋噴油，以中高溫加熱。加入大蒜和墨西哥辣椒，不斷翻炒，直到大蒜呈金黃色。

3 放入雞肉條，不時翻炒 8 至 10 分鐘，直到雞肉熟透。

4 加入魚露和糖。翻炒 30 秒，離火。撒上羅勒、薄荷和花生即可享用。

咖哩雞

4 份｜準備時間 10 分鐘｜烹調時間 25 分鐘
213 大卡｜蛋白質 40 公克｜碳水化合物 7 公克｜脂肪 3 公克

咖哩中有薑黃，薑黃含有薑黃素，薑黃素超讚的。薑黃識別度極高的黃色來自薑黃素的色素，世界各地的科學家皆投入研究薑黃素對抗多種疾病的應用，如癌症、心血管疾病、骨質疏鬆、關節炎、糖尿病、阿茲海默症以及更多其他疾病[2]。

薑黃可維持血糖指數穩定。研究顯示，在患有第二型糖尿病且肥胖和過重的男女身上，薑黃可以降低血糖指數，改善胰島素敏感性。[3]

葫蘆巴是咖哩中的另一個成分，可改善血糖控制。一份報告研究 24 位患有第二型糖尿病的患者，食用葫蘆巴種子的粉末八週，與改善血糖控制 25 至 31% 有關。

小型洋蔥 1 個，切碎
大蒜 1 瓣，去皮切末
咖哩粉 3 大匙
甜紅椒粉 1 小匙
月桂葉 1 片
肉桂粉 1 小匙
去皮磨碎鮮薑 ½ 小匙
鹽、現磨黑胡椒，視個人喜好
去皮去骨雞胸肉（170 公克）4 個，
　　去除脂肪，切 2.5 公分見方
番茄膏 1 大匙
水 ½ 杯
檸檬汁 ½ 顆份
印度辣椒粉 ½ 小匙
2% 希臘優格 1 杯

1 大平底鍋噴油，以中溫加熱。翻炒洋蔥至半透明，約 5 分鐘。

2 鍋中加入大蒜、咖哩粉、紅椒粉、月桂葉、肉桂粉、薑、鹽和胡椒，翻炒 2 分鐘。

3 雞肉、番茄膏和水下鍋，攪拌至混合均勻。湯汁煮至沸騰後，爐火降至低溫，小火微沸煮 10 分鐘。

4 拌入檸檬汁和辣椒粉，小火慢煮 5 分鐘至雞肉熟透。離火，取出丟棄月桂葉。拌入優格，即可享用。

簡易義大利帕瑪森雞肉

4 份 ｜ 準備時間 5 分鐘 ｜ 烹調時間 25 分鐘
290 大卡 ｜ 蛋白質 42 公克 ｜ 碳水化合物 6 公克 ｜ 脂肪 11 公克

特級冷壓初榨橄欖油 2 大匙
蒜末 2 小匙
調味麵包粉 ¼ 杯
帕瑪森乳酪刨絲 ¼ 杯
去皮去骨雞胸肉（170 公克）4 個，
　　去除脂肪

1 烤箱預熱至 220°C。

2 取一耐熱中型碗，放入橄欖油和大蒜。以微波爐加熱 30 至 60 秒入味。另取一個中型碗，混合麵包粉和乳酪刨絲。

3 雞肉裹上橄欖油，讓多餘的油流下。然後沾滿麵包粉，放在淺烤盤裡。重複直到雞肉皆裹滿麵包粉。

4 雞肉放入烤箱烤 10 分鐘，翻面續烤 10 至 15 分鐘，直到中央不再呈粉紅色，流出的汁液為透明的。取出烤箱，裝盤食用。

炒雞肉青花菜

4 份 | 準備時間 5 分鐘 | 烹調時間 15 分鐘
233 大卡 | 蛋白質 41 公克 | 碳水化合物 10 公克 | 脂肪 3 公克

紅酒 2 大匙
低鈉醬油 1 大匙
玉米澱粉 ½ 小匙
細白砂糖 1 大匙
鹽 1 小匙
青花菜花蕾 2 杯
紅椒 1 個，去籽切碎
洋蔥 ½ 個，切片
去皮去骨雞胸肉（170 公克）4 個，
　　去除脂肪，切塊

1 取一小碗，混合紅酒、醬油、玉米粉、糖和鹽。用叉子攪拌至玉米粉完全溶化。

2 取大型不沾鑄鐵平底鍋，噴油，以中高溫加熱。放入青花菜、紅椒和洋蔥炒至變軟。

3 放入雞肉，翻炒 2 至 3 分鐘，直到呈褐色。

4 醬油混料倒入蔬菜雞肉中。繼續翻炒約 2 至 4 分鐘，直到醬汁變稠，雞肉熟透。離火裝盤。

希臘皮塔餅披薩

1 份｜準備時間 5 分鐘｜烹調時間 15 分鐘

461 大卡｜蛋白質 49 公克｜碳水化合物 38 公克｜脂肪 14 公克

去皮去骨雞胸肉（170 公克）1 個，
　　去除脂肪
全麥皮塔麵包 1 個
特級冷壓初榨橄欖油 ½ 大匙
切片橄欖 2 大匙
紅酒醋 1 小匙
大蒜 ½ 瓣，去皮切末
乾奧勒岡 ¼ 小匙
乾羅勒 ¼ 小匙
鹽、現磨黑胡椒，視個人喜好
新鮮菠菜 ¼ 杯
捏碎的低脂費塔乳酪 2 大匙
番茄 ½ 顆，去籽切碎。

1 烤箱上火預熱至高溫。

2 取小型平底鍋，噴油，以中溫加熱。放入雞肉，兩面各煎 3 至 5 分鐘。雞肉流出的肉汁清澈後，即離火，備用。待冷卻後將雞肉切小塊

3 同時間，將皮塔麵包放在略刷油的淺烤盤上。距離上火 10 公分，加熱 2 分鐘。

4 取一小碗，放入橄欖、醋、大蒜、奧勒岡、羅勒、鹽、胡椒和剩下的橄欖油，混合均勻。

5 橄欖混料鋪在皮塔麵包上。然後擺上菠菜、費塔乳酪、番茄和雞肉。

6 以上火烤約 3 分鐘，直到費塔乳酪溫熱變軟。離火，即可裝盤享用。

義式獵人燉雞肉

4 份 ｜ 準備時間 5 分鐘 ｜ 烹調時間 45 分鐘

440 大卡 ｜ 蛋白質 44 公克 ｜ 碳水化合物 44 公克 ｜ 脂肪 7 公克

特級冷壓初榨橄欖油 1 大匙

去皮去骨雞胸肉（170 公克）4 個，
　　　去除脂肪，切條

中型洋蔥 ½ 個，切碎

切薄片的蘑菇 ½ 杯

大蒜 1 瓣，去皮切末

李子番茄罐頭（794 公克）1 個，
　　　保留汁液

不甜型紅酒 ½ 杯

乾奧勒岡 1 小匙

月桂葉 1 片

鹽，視個人口味

藜麥車輪麵 170 公克

切碎的新鮮巴西里 ½ 杯

1 大型深平底鍋放油，以中高溫加熱。放入雞肉，兩面各煎約 3 分鐘至上色。加入洋蔥、蘑菇和大蒜，翻炒至蔬菜變軟。

2 加入番茄和罐頭汁液、紅酒、奧勒岡和月桂葉。爐火降至中低溫，蓋上鍋蓋。不時翻動，小火微沸煮 30 至 35 分鐘，直到雞肉熟透，醬汁變稠。

3 同時間，大鍋放水加少許鹽，以高溫煮至沸騰。放入車輪麵，依照包裝上的指示煮熟。取出瀝乾，保留 ¼ 杯煮麵水備用。

4 車輪麵和煮麵水一起加入雞肉混料中，煮 1 至 2 分鐘，混合直到車輪麵裹滿醬汁。

5 取出月桂葉丟棄不用。撒上新鮮巴西里，即可享用。

墨西哥肉糕

8 份｜準備時間 10 分鐘｜烹調時間 60 分鐘
343 大卡｜蛋白質 28 公克｜碳水化合物 32 公克｜脂肪 9 公克

93% 火雞瘦絞肉 908 公克
黑豆罐頭（425 公克）1 個，瀝乾
　　沖水
全玉米粒罐頭（425 公克）1 個，
　　瀝乾沖水
火烤青辣椒罐頭（113 公克）½ 個
微辣帶顆粒莎莎醬 1 杯
乾燥綜合塔可調味料 1 小包（28 公
　　克）
原味麵包粉 ¾ 杯
蛋白 3 個，或以 ½ 杯蛋白液取代
鹽、現磨黑胡椒，視個人喜好
恩奇拉達（enchilada）醬汁罐頭
　　（794 公克）1 個，分成兩份

1 烤箱預熱至 200˚C。23×33 公分烤盤噴油。

2 取一大碗，混合火雞肉、黑豆、玉米、辣椒、莎莎醬、塔可調味料、麵包粉和蛋白。以鹽和胡椒為整體調味。

3 絞肉放入預備好的烤盤，用乾淨的手和刮刀將肉整成肉糕的形狀。絞肉淋上一半的恩奇拉達醬，烤 45 分鐘。

4 肉糕取出烤箱，淋上剩下的恩奇拉達醬。放回烤箱續烤 10 至 15 分鐘，直到肉的內部不再呈粉紅色。用探針溫度計測量，中央溫度應為 74℃。肉糕取出烤箱，即可食用。

雞肉鷹嘴豆蝴蝶麵沙拉

6 份 │ 準備時間 10 分鐘，外加 4 小時冷卻 │ 烹調時間 15 分鐘

371 大卡 │ 蛋白質 28 公克 │ 碳水化合物 41 公克 │ 脂肪 12 公克

鹽，視個人喜好

全麥蝴蝶麵 227 公克

去皮去骨雞胸肉（170 公克）3 個，
　　去除脂肪，煮熟剝絲

鷹嘴豆（425 公克）½ 罐，瀝乾沖
　　水

切片黑橄欖（64 公克）1 罐，瀝乾

芹菜 2 根，切碎

小黃瓜 2 條，切碎

胡蘿蔔絲 ½ 杯

黃洋蔥 ½ 個，切細

帕瑪森乳酪刨絲 2 大匙

特級冷壓初榨橄欖油 3 大匙

紅酒醋 ⅓ 杯

伍斯特醬 ½ 小匙

褐色辣芥末醬 ½ 小匙

大蒜 ½ 瓣，去皮切末

切碎的新鮮捲葉巴西里 2 大匙

切碎的新鮮羅勒 1 大匙，或乾羅勒
　　1 小匙

現磨黑胡椒 ¼ 小匙

1 大湯鍋加水，放少許鹽，以高溫煮至沸騰。依照包裝上的指示煮熟義大利麵。瀝去水分，義大利麵放在水龍頭下沖冷水約 30 秒，或是靜置至完全冷卻。

2 蝴蝶麵放入大碗，加入所有的食材。用料理夾混合均勻。

3 大碗包保鮮膜，放入冰箱冷藏至少 4 小時或隔夜。食用前先混合拌勻。

匈牙利紅椒燉雞

4 份 | 準備時間 15 分鐘 | 烹調時間 20 分鐘
456 大卡 | 蛋白質 35 公克 | 碳水化合物 45 公克 | 脂肪 14 公克

鹽、黑胡椒，視個人喜好
雞蛋麵 227 公克
特級冷壓初榨橄欖油 2 小匙
蘑菇 170 公克，切片
切碎的洋蔥 1 大匙
93% 火雞瘦絞肉 454 公克
水 ½ 杯
雞湯塊 1 個，捏碎
甜紅椒粉 1 大匙
2% 希臘優格 ⅔ 杯

1 大湯鍋放水，加少許鹽，以高溫煮至沸騰。依照義大利麵包裝上的指示將麵煮熟，瀝乾備用。

2 大平底鍋放油，以中溫加熱。翻炒蘑菇和洋蔥數分鐘，直到變軟且略微上色。

3 放入火雞絞肉，不時翻炒。火雞肉熟透後，倒入水和雞湯塊。以紅椒粉、鹽、胡椒調味，混合均勻。

4 鍋子離火。拌入優格，立刻將燉火雞絞肉淋在義大利麵上。

青醬雞肉義大利麵

2 份｜準備時間 5 分鐘｜烹調時間 20 分鐘

412 大卡｜蛋白質 31 公克｜碳水化合物 38 公克｜脂肪 17 公克

鹽和黑胡椒，視個人喜好

全麥大吸管麵 113 公克

新鮮羅勒葉 25 片，切碎

大蒜 1 瓣，去皮切末

溫水 1 大匙

松子 2 大匙，搗碎

特級冷壓初榨橄欖油 1 大匙

去皮去骨雞胸肉（170 公克）1 個，
　　　去除脂肪，切丁

帕瑪森乳酪刨絲 2 大匙

1 中型湯鍋放水，加少許鹽，以高溫煮至沸騰。依照包裝上的指示煮熟義大利麵。瀝乾備用。

2 同時間，取一個碗製作青醬：放入羅勒葉、大蒜、水、松子和油。攪打至均勻。

3 中型平底鍋噴油，以中溫加熱。放入雞肉，每面各煎 7 分鐘。

4 雞肉即將煮熟前，爐火降至低溫。拌入鹽、胡椒、青醬和乳酪。煮至雞肉內部不再呈粉紅色。

5 義大利麵放入鍋中拌勻，裝盤。

澳式雞肉

4 份｜準備時間 30 分鐘，外加 30 分鐘醃漬｜烹調時間 35 分鐘

399 大卡｜蛋白質 46 公克｜碳水化合物 21 公克｜脂肪 14 公克

去皮去骨雞胸肉（170 公克）4 個，
　　去除脂肪，敲打至 1 公分厚
調味鹽 2 小匙
培根 6 片，對切
黃芥末醬 ¼ 杯
蜂蜜 ¼ 杯
低脂美乃滋 2 大匙
乾洋蔥片 1 大匙
植物油 1 大匙
切片的蘑菇 1 杯
低脂蒙特里傑克乳酪（Monterey
　　Jack cheese）½ 杯
切碎的新鮮巴西里 2 大匙

1 雞胸肉敲打後，以調味鹽按摩肉。以保鮮膜包起冷藏 30 分鐘。

2 烤箱預熱至 180˚C。

3 取大平底鍋，以中高溫煎培根至香脆。培根放在鋪廚房紙巾的盤子上，備用。培根油留在鍋內。

4 取一中型碗，混合芥末、蜂蜜、美乃滋和洋蔥片。

5 以中溫加熱培根油脂。放入雞肉，兩面各煎 3 至 5 分鐘，直到上色。

6 雞肉放進 23×33 公分烤盤，肉上刷蜂蜜芥末醬，然後依序擺上蘑菇和培根。撒上乳酪。

7. 烤約 15 分鐘，直到乳酪融化，雞肉流出的汁液清澈。以巴西里點綴，即可食用。

5 種美味雞肉醃醬

醃漬汁是簡單又充滿風味的方法，為較平淡無味的肉增色，或是為任何雞肉食譜改變滋味。

醃漬雞肉最好的方法，就是把雞肉和醃漬汁放在密封袋裡，封緊後搖晃，使醃漬汁裹滿雞肉，冷藏至隔天。

下列食譜皆足夠 3 至 5 塊雞胸肉使用。

照燒

81 大卡｜蛋白質 2 公克｜碳水化合物 7 公克｜脂肪 5 公克

- 低鈉醬油 ½ 杯
- 伍斯特醬 2 大匙
- 蒸餾白醋 1½ 大匙
- 植物油 1½ 大匙
- 洋蔥粉 1½ 大匙
- 蒜粉 1 小匙
- 薑末 ½ 小匙

檸檬白酒

84 大卡｜蛋白質 0 公克｜碳水化合物 4 公克｜脂肪 7 公克

- 特級冷壓初榨橄欖油 2 大匙
- 白酒 ¼ 杯
- 檸檬皮絲 2 小匙
- 檸檬汁 2 大匙
- 黑糖 1 大匙，不壓實
- 新鮮百里香葉 1 大匙
- 新鮮迷迭香葉 1 大匙
- 大蒜 2 瓣，去皮切末

鳳梨醬油

135 大卡｜蛋白質 2 公克｜碳水化合物 34 公克｜脂肪 0 公克

- 搗碎的罐頭鳳梨 1 杯
- 低鈉醬油 ⅓ 杯
- 蜂蜜 ⅓ 杯
- 蘋果醋 ¼ 杯
- 大蒜 2 瓣，去皮切末
- 薑末 1 小匙
- 丁香粉 ¼ 小匙

萊姆墨西哥辣椒

50 大卡｜蛋白質 0 公克｜碳水化合物 13 公克｜脂肪 0 公克

- 柳橙汁 ⅓ 杯
- 切碎的洋蔥 ⅓ 杯
- 萊姆皮絲 1 小匙
- 萊姆汁 ¼ 杯
- 蜂蜜 2 大匙
- 大蒜 1 瓣，去皮切末
- 墨西哥辣椒 ½ 根，去籽切細
- 孜然粉 1 小匙
- 大蒜鹽 ¼ 小匙

拉丁美洲烤肉醬／carne asada

70 大卡｜蛋白質 0 公克｜碳水化合物 2 公克｜脂肪 7 公克

- 紅酒醋 ¼ 杯
- 特級冷壓初榨橄欖油 2 大匙
- 牛排醬 2 大匙
- 大蒜 1 瓣，去皮切末
- 捏碎的乾鼠尾草 1 小匙
- 乾奧勒岡 1 小匙
- 鹽 ½ 小匙
- 芥末粉 ½ 小匙
- 甜紅椒粉 ½ 小匙

海鮮

檸檬蒜香蝦佐蘆筍 204

干貝奶香緞帶麵 207

檸檬迷迭香鮭魚排 208

全麥餅乾脆皮吳郭魚 210

薑味醬油漬大比目魚佐韭蔥 211

炙烤鬼頭刀佐芒果酪梨莎莎醬 212

嫩煎鱈魚佐免煮芥末酸豆醬 214

嫩煎鮪魚佐玉米泥和山葵 216

如果你的餐盤中
很少出現海鮮，
我希望你可以做些改變。

────────

這些食譜不僅會讓你的味蕾認識嶄新美味的風味和可能性的景色，也對你的健康很有益處。原因如下：

海鮮是絕佳的蛋白質來源。超過 35 億人以海鮮為主要的食物來源。就全世界而言，以海鮮形式吃下的蛋白質超過牛、羊和禽類[1]。

海鮮是多種維他命和礦物質的豐富來源，如鎂、磷、硒，以及維他命 A 和 D。

海鮮也是 omega-3 脂肪酸的絕佳來源。研究顯示，人類演化過程中的飲食，吃下的 omega-6 和 omega-3 脂肪酸比例約為 $1:1$[2]。然而現代西方飲食的比例卻為 $10:1$ 到 $25:1$，這種失衡會導致不樂見的健康影響和狀況。

你可以靠營養補給品和吃多些油脂豐富的魚，增加 omega-3 脂肪酸。比起在每日的綜合維他命之外多吃一顆膠囊，吃魚的好處更多：吃魚或許可減少 omega-6 脂肪酸的攝取量。這點很有幫助，因為其他蛋白質來源如雞肉、豬肉和紅肉的 omega-3 脂肪酸含量都相當高。

現在，如果以一般的理由否決海鮮，認為「魚腥味」太重、太難料理、太貴等——我能理解。我過去也這麼認為。

不過很快你就會發現，無論你的味覺偏好、料理方式或預算，總是有適合的海鮮選項等著你。

例如：

鮭魚

有許多類型的鮭魚可供選購，從大西洋鮭魚到帝王鮭和白鮭，還有銀鮭、粉紅鮭和紅鮭，每一種都能帶來不同的品嘗體驗。

不僅如此，野生捕撈或養殖鮭魚的口感、風味飽滿度不同，新鮮鮭魚和包裝好的鮭魚味道也大不相同。

鮪魚

鮪魚的種類不下鮭魚，「鮪魚」一詞其實不是指單一魚種，而是更廣泛的類型指稱。有長鰭鮪魚、藍鰭鮪魚、還有黃鰭鮪魚等種類。

不僅如此，新鮮鮪魚吃起來像牛排，擁有肉感飽滿的質地和豐富的滋味，罐裝鮪魚則多半是白色或粉紅色，略帶酸味和柑橘風味。

鬼頭刀

Mahi-mahi 是鬼頭刀（dolphinfish）的夏威夷名稱。食物行銷者聰明地改掉其名稱，原因很明顯（鬼頭刀並不是海豚的一種）。

生的鬼頭刀，肉色為略帶粉紅的白色，質地濕潤絲滑，帶有明顯的柑橘味。

鱈魚

鱈魚的名稱來自一個魚類大家族，包括狹鱈、黑線鱈、無鬚鱈和南冰魚。

鱈魚典型的顏色為粉紅和白色，通常質地濕潤，帶有土壤和青草香調，對多種不同料理而言都是很適合的選擇。

吳郭魚

這是全世界數量第二多的養殖魚種──緊接在鯉魚之後，吳郭魚是在家庭和餐廳都很受歡迎的食材。

吳郭魚體型小，肉質緊實，味道清淡，令人聯想到雞肉，因此吳郭魚能和無數不同食材、料理方式和醬汁搭配。

大比目魚

雖然你可能認識在市場購買的小魚排，不過野生的大比目魚可以長到 2.4 公尺長，重達 270 公斤以上。

不過在廚房中，大比目魚因為濕潤多肉的質地、細緻油滑的風味，和淡粉紅的肉色而備受推崇。

蝦

你可以享受各式各樣的蝦，包括虎蝦、白蝦、淡水蝦、灣蝦、太平洋白蝦、甜蝦、岩蝦。

蝦類是特別多變化的海鮮，風味溫和鮮甜，水煮、清蒸、油炸和煎炒都好吃。

扇貝

海灣和大海扇貝都是很好的貝類選擇。從東岸新鮮打撈上岸，或在養殖場養殖的扇貝，皆質地濕軟，風味可以形容為有魚味、甜美、奶油味，並略帶堅果風味。

現在（希望）我成功激起你對某些海鮮的食慾，讓我們來看看食譜吧！

檸檬蒜香蝦佐蘆筍

4 份｜準備時間 10 分鐘｜烹調時間 10 分鐘

255 大卡｜蛋白質 30 公克｜碳水化合物 17 公克｜脂肪 8 公克

紅椒 2 個，去籽切碎

蘆筍 908 公克，削去硬皮，切成 2.5
　　公分長

檸檬皮絲 2 小匙

鹽 ½ 小匙，分成兩份

特級冷壓初榨橄欖油 2 小匙

大蒜 5 瓣，去皮切末

大型生蝦 454 公克，去殼去腸泥

低鈉清雞湯 1 杯

玉米澱粉 1 小匙

檸檬汁 2 大匙

切碎的新鮮巴西里 2 大匙

1 大型不沾鑄鐵平底鍋噴油，以中高溫加熱。放入紅椒、蘆筍、檸檬皮絲和 ¼ 小匙的鹽。翻炒約 6 分鐘，直到蔬菜開始變軟。蔬菜倒入碗中加蓋，備用。

2 平底鍋中放入油和大蒜，煎炒 30 秒。拌入蝦子。在小碗中混合玉米澱粉和清雞湯，攪拌均勻，倒入鍋中，並加入剩下的 ¼ 小匙鹽。

3 不斷翻炒，直到醬汁變稠，蝦子變粉紅色且熟透，約 2 至 3 分鐘。平底鍋離火，加入檸檬汁和巴西里。蝦子倒入預備好的蔬菜中，混合均勻即可。

干貝奶香緞帶麵

5 份｜準備時間 10 分鐘｜烹調時間 25 分鐘

402 大卡｜蛋白質 31 公克｜碳水化合物 56 公克｜脂肪 5 公克

鹽和現磨黑胡椒，視個人喜好

全麥緞帶麵 227 公克

大型海扇貝 454 公克

蛤蠣汁 1 瓶（227 公克，選擇含鈉
　　　量最低的）

2% 牛奶 1 杯

玉米澱粉 3 大匙

冷凍豌豆 3 杯

切碎的細香蔥 ⅓ 杯

檸檬皮絲 ½ 小匙

檸檬汁 1 小匙

帕瑪森乳酪刨絲 ½ 杯

1 大鍋裝水，加少許鹽，以高溫煮至沸騰。依照包裝上的指示煮熟緞帶麵。瀝乾麵條，備用。

2 同時間，以廚房紙巾擦乾扇貝，撒上鹽。大型不沾鑄鐵鍋噴油，以中高溫加熱。放入扇貝。兩面各煎 2 至 3 分鐘至金黃。扇貝取出鍋子，備用。

3 蛤蠣汁倒入平底鍋。取一中型碗，加入牛奶、玉米澱粉、鹽和胡椒，攪拌至均勻。牛奶混料倒入平底鍋，與蛤蠣汁混合均勻。汁液開始微沸時，不斷攪拌直到醬汁變稠，約 1 至 2 分鐘。

4 備用的扇貝和豌豆放入蛤蠣醬汁，煮至微沸。拌入備用的緞帶麵、細香蔥、檸檬皮絲、檸檬汁和大部分的乳酪，混合均勻。義大利麵離火，裝盤，撒上剩下的乳酪即可。

檸檬迷迭香鮭魚排

4 份｜準備時間 5 分鐘，外加 15 分鐘醃漬｜烹調時間 15 至 20 分鐘

226 大卡｜蛋白質 34 公克｜碳水化合物 0 公克｜脂肪 9 公克

檸檬汁 1 大匙
乾迷迭香 ½ 小匙
特級冷壓初榨橄欖油 1 大匙
野生大西洋鮭魚排（170 公克）4 個
鹽、現磨黑胡椒，視個人喜好

1 烤箱預熱至 180˚C。取中型烤盤，在其中混合檸檬汁、迷迭香和橄欖油。

2 鮭魚排以鹽和黑胡椒調味，放入烤盤，翻面以裹上醬汁，靜置 10 至 15 分鐘醃漬。

3 以鋁箔紙包起烤盤，烤約 20 分鐘，直到魚肉可以輕易用叉子剝開成片狀。從烤箱取出，即可享用。

全麥餅乾脆皮吳郭魚

4 份 │ 準備時間 10 分鐘 │ 烹調時間 10 分鐘

222 大卡 │ 蛋白質 24 公克 │ 碳水化合物 10 公克 │ 脂肪 10 公克

吳郭魚排（113 公克）4 個，約 2
　　公分厚
原味全麥餅乾（graham cracker）
　　碎片 ½ 杯
檸檬皮絲 1 小匙
鹽 ¼ 小匙
現磨黑胡椒 ¼ 小匙
2% 牛奶 ¼ 杯
芥花油 1 大匙
切碎烘烤過的胡桃 2 大匙

1 烤箱的烤架放在中間略高處，烤箱預熱至 260˚C。33×23 公分烤盤噴油。

2 魚排橫切成 5 公分寬。

3 取一小碗，放入全麥餅乾碎片、檸檬皮絲、鹽和黑胡椒。混合均勻。另取一個小碗倒入牛奶。

4 每片魚排浸入牛奶，然後裹滿全麥餅乾，放在預備好的烤盤裡。重複此步驟直到每一個魚排都裹滿餅乾碎片。

5 魚排上淋橄欖油，撒上胡桃。烘烤約 10 分鐘，直到魚肉可以輕易用叉子剝開。從烤箱取出即可享用。

薑味醬油漬
大比目魚佐韭蔥

4 份│準備時間 15 分鐘，外加 1 小時醃漬│烹調時間 20 分鐘
283 大卡│蛋白質 37 公克│碳水化合物 9 公克│脂肪 11 公克

特級冷壓初榨橄欖油 2 大匙
低鈉醬油 2 大匙
檸檬汁 2 大匙
白酒 2 大匙
大蒜 2 瓣，去皮切末
鮮薑片（硬幣大小）2 塊，去皮切
　　末
鹽、現磨黑胡椒，視個人喜好
大比目魚排（170 公克）4 個
中型韭蔥（只用白色部分）3 根，
　　切薄片
紅椒 2 個，去籽切薄片

1 在大型密封袋中倒入橄欖油、醬油、檸檬汁、白酒、大蒜、薑、鹽和胡椒。放入魚排。封緊袋子，搖晃使魚肉裹上醬汁。冷藏至少 1 小時，不時搖晃。

2 烤箱上火預熱至高溫。魚肉從醃漬汁中取出，放入烤盤。

3 醃漬汁倒入大鍋，以中溫加熱。放入韭蔥和紅椒，翻炒 15 分鐘或直到蔬菜變軟。

4 同時間，將魚排放在上火下方約 10 至 15 公分處，烤 4 至 5 分鐘，用刮刀翻面，續烤 4 分鐘至可以輕鬆用叉子剝開魚肉。蔬菜和醬汁淋在魚排上，即可食用。

炙烤鬼頭刀
佐芒果酪梨莎莎醬

4 份 ｜ 準備時間 20 分鐘 ｜ 烹調時間 10 分鐘
358 大卡 ｜ 蛋白質 33 公克 ｜ 碳水化合物 15 公克 ｜ 脂肪 19 公克

鬼頭刀魚排（170 公克）4 個
酪梨油 3 大匙，分成兩份
鹽、現磨黑胡椒，視個人喜好
中型酪梨 1 個，去皮去核，切丁
中型芒果 1 個，去皮去核，切丁
新鮮香菜 4 根，葉子切碎
萊姆汁 3 大匙，分成兩份
是拉差醬 1 小匙
萊姆角 4 個

1 條紋炙燒烤盤以中高溫加熱。烤盤略噴油。

2 魚排放上 33×23 公分玻璃烤盤。淋上 2 大匙油，以鹽和胡椒調味。魚排靜置室溫浸漬 10 分鐘，不時翻面。

3 同時間，取一中型碗，輕輕混合酪梨和芒果、香草、剩下的 1 大匙酪梨油和萊姆汁，製作莎莎醬。以鹽、胡椒和是拉差醬調味。備用。

4 炙烤魚排直到魚肉中央轉為不透明，兩面約各 5 分鐘。魚排裝盤。

5 魚排旁放上芒果酪梨莎莎醬。食用時搭配萊姆角。

嫩煎鱈魚佐
免煮芥末酸豆醬

4 份｜準備時間 15 分鐘｜烹調時間 15 分鐘

296 大卡｜蛋白質 31 公克｜碳水化合物 5 公克｜脂肪 17 公克

芥末籽醬 2 大匙

酸豆 1 大匙，瀝乾

切碎的新鮮龍艾蒿 1 大匙

特級冷壓初榨橄欖油 4 大匙，外加
　　1 小匙，分開

水 2 大匙

無骨鱈魚排（170 公克）4 個

布比萵苣（Bibb lettuce）一大顆，
　　撕碎（約 6 杯）

小黃瓜 ½ 根，切薄片

小型紫洋蔥 ¼ 個，切薄片

檸檬汁 2 大匙

鹽和現磨黑胡椒，視個人喜好

1 取一小碗，放入芥末醬、酸豆、龍艾蒿、2 大匙油和水混合均勻。備用。

2 大型不沾鑄鐵鍋放 1 小匙油，以中高溫加熱。放入鱈魚，以鹽和胡椒調味。鱈魚兩面各煎 4 至 7 分鐘，直到整體不再呈透明狀。魚排離火，裝盤。

3 同時間，取一大碗，放入萵苣、小黃瓜、洋蔥、檸檬汁和剩下的 2 大匙油、鹽和胡椒，混合均勻。

4 備用的芥末酸豆醬淋在鱈魚上，搭配沙拉享用。

嫩煎鮪魚
佐玉米泥和山葵

4 份 │ 準備時間 10 分鐘 │ 烹調時間 30 分鐘
290 大卡 │ 蛋白質 50 公克 │ 碳水化合物 15 公克 │ 脂肪 4 公克

水 1¾ 杯，如有需要可加更多
從整根玉米直接切下的玉米粒 2 杯
　（約需 3 根玉米），分成兩份
鹽，視個人喜好
山葵醬 1 小匙
鮪魚排（170 公克）4 個，約 2 公
　分厚

1 取一小鍋，放入水、1½ 杯玉米和鹽。以中高溫煮至沸騰。關小火微沸煮約 20 分鐘至玉米變得極軟。玉米倒入果汁機，攪打呈滑順的泥狀。玉米泥倒入小碗，加入山葵醬混合均勻。

2 小鍋的水改以中溫加熱。加入剩下的 ½ 杯玉米，只留下剛好可蓋過玉米的水。煮約 10 分鐘，直到玉米變軟，瀝乾。

3 同時間，鮪魚排兩面皆以鹽調味。大型不沾鑄鐵平底鍋噴油，以中高溫加熱。鍋子夠熱後，放入鮪魚，兩面各煎 3 分鐘。

4 玉米泥裝盤，擺上玉米粒和鮪魚排。即可享用。

蔬 食

焗烤墨式辣椒鑲肉 220

蔬食韓式拌飯 223

烤奶油南瓜和莫札瑞拉乳酪 224

波特菇鑲豆腐帕瑪森乳酪 225

焗烤藜麥黑豆 226

黑豆玉米餡餅 228

焗烤墨式辣椒鑲肉

4 份 | 準備時間 15 分鐘 | 烹調時間 40 分鐘

226 大卡 | 蛋白質 18 公克 | 碳水化合物 10 公克 | 脂肪 13 公克

完整青辣椒罐頭（198 公克）2 個，
　　瀝乾
減脂蒙特里傑克乳酪（Monterey
　　Jack Cheese）絲 2 杯，分成
　　兩份
蛋白 2 個，或以 6 大匙蛋白液取代
2% 牛奶 1 杯
番茄糊（227 公克）罐頭 1 個

1 烤箱預熱至 180°C。

2 一半的青辣椒放在中型烤盤底部，撒上一半份量的乳酪。

3 蛋白放入碗中，與牛奶攪拌均勻，然後倒入放青辣椒的烤盤。

4 蛋奶糊上放剩下的青辣椒，平均地倒入番茄醬，撒上剩下的一杯乳酪絲。

5 烘烤約 40 分鐘至呈深金色。取出烤箱，即可食用。

蔬食韓式拌飯

4 份 │ 準備時間 30 分鐘 │ 烹調時間 20 分鐘

473 大卡 │ 蛋白質 16 公克 │ 碳水化合物 80 公克 │ 脂肪 10 公克

芝麻油 1 大匙
胡蘿蔔 1 杯，切細條
櫛瓜 1 杯，切細條
豆芽罐頭（397 公克）½ 個，瀝乾
竹筍罐頭（227 公克）1 個，瀝乾
蘑菇 170 公克，切片
鹽、現磨黑胡椒，視個人喜好
煮好的長米 2 杯，冷卻
青蔥 2 根，切片
低鈉醬油 2 大匙
現磨黑胡椒 ¼ 小匙
大型蛋 4 個
是拉差醬，視個人喜好

1 大型平底鍋放油，以中溫加熱。油熱後，胡蘿蔔和櫛瓜下鍋翻炒約 5 分鐘，直到開始變軟。拌入豆芽、竹筍和蘑菇。拌炒至胡蘿蔔變軟，約 5 分鐘。以鹽調味，蔬菜放入中型碗。

2 同一個鍋中放入煮好的飯、青蔥、醬油和胡椒，以中溫翻炒直到飯變熱。離火。

3 同時間，準備不沾鑄鐵平底鍋，以中溫加熱。輕輕打入蛋，蛋黃朝上，只翻面一次，煎到蛋凝固。

4 裝盤：飯分裝成 4 碗，每碗放上 ¼ 的綜合蔬菜和蛋。一旁放上是拉差醬另外分裝，以便加入拌飯中。

烤奶油南瓜和
莫札瑞拉乳酪

4 份 | 準備時間 20 分鐘 | 烹調時間 30 分鐘
433 大卡 | 蛋白質 20 公克 | 碳水化合物 59 公克 | 脂肪 18 公克

奶油南瓜（butternut squash，
　　1,816 公克）1 個，去皮去籽切
　　丁
黃洋蔥 ½ 個，切碎
特級冷壓初榨橄欖油 1 大匙
切碎的新鮮百里香葉 1 大匙
鹽和黑胡椒，視個人喜好
莫札瑞拉乳酪 227 公克，切丁
完整亞麻籽 ¼ 杯

1 烤箱預熱至 220℃。準備一個大烤盤，噴油。

2. 取一大碗，混合南瓜、洋蔥、橄欖油、百里香和乳酪。以鹽和胡椒調味，拌勻。

3 綜合蔬菜倒入烤盤，撒上亞麻籽。

4 烤約 30 分鐘，直到整體頂部略呈褐色。取出烤箱，即可食用。

波特菇鑲豆腐帕瑪森乳酪

2 份 │ 準備時間 25 分鐘 │ 烹調時間 40 分鐘

438 大卡 │ 蛋白質 26 公克 │ 碳水化合物 51 公克 │ 脂肪 16 公克

完整波特菇 8 個
特級冷壓初榨橄欖油 1 大匙
大蒜 1 瓣，去皮切碎
嫩豆腐（340 公克）1 包
帕瑪森乳酪刨絲 ¼ 杯
洋蔥粉 ¼ 小匙
切碎的新鮮巴西里 ¼ 杯
甜紅椒粉 ¼ 小匙
卡宴辣椒粉 ¼ 小匙
鹽、現磨黑胡椒，視個人喜好
煮熟的糙米 1½ 杯，裝盤

1 烤箱預熱至 180℃。淺烤盤噴油，備用。

2 以略濕的廚房紙巾清潔清潔蘑菇。小心摘去菇柄，切碎，放入碗中備用。用湯匙刮去每一朵菇傘內的菌摺，丟棄菌摺。

3 大鍋放油，以中溫加熱。大蒜和切碎的菇柄下鍋翻炒，直到不再出水，小心不要讓大蒜燒焦。取出混料備用。

4 蘑菇大蒜混料冷卻後，拌入豆腐、帕瑪森乳酪、洋蔥粉、巴西里、紅椒粉、卡宴辣椒粉、鹽和胡椒。混合均勻。

5 用乾淨的雙手抓取混料，充分填滿菇傘。將菇傘放在準備好的烤盤上。

6 烘烤約 30 分鐘，直到菇傘熱燙，下方開始出現汁液。

7 搭配糙米裝盤，立即享用。

焗烤藜麥黑豆

4 份 │ 準備時間 15 分鐘 │ 烹調時間 35 分鐘
402 大卡 │ 蛋白質 21 公克 │ 碳水化合物 77 公克 │ 脂肪 5 公克

特級冷壓初榨橄欖油 1 小匙
中型洋蔥 1 個，切碎
大蒜 3 瓣，去皮切末
乾藜麥 1 杯，沖水洗淨
低鈉蔬菜清湯 1¾ 杯
孜然粉 1 小匙
卡宴辣椒粉 ¼ 小匙
鹽、現磨黑胡椒，視個人喜好
冷凍玉米粒 1 杯
黑豆罐頭（425 公克）1 個，沖洗
　　瀝乾
切碎的新鮮香菜 ½ 杯

1 大鍋放油，以中溫加熱。翻炒洋蔥和大蒜約 10 分鐘，不時翻動，直到呈淡褐色。

2 藜麥和蔬菜清湯加入洋蔥。以孜然、卡宴辣椒粉、鹽和胡椒調味。整體煮至沸騰。

3 蓋上鍋蓋，降至低溫。小火微沸煮約 20 分鐘，直到藜麥變軟，完全吸收清湯。

4 玉米和黑豆加入藜麥，小火微沸續煮 5 分鐘，直到整體熱透。撒上香菜，即可享用。

黑豆玉米餡餅

4 份 ｜ 準備時間 10 分鐘 ｜ 烹調時間 30 分鐘

347 大卡 ｜ 蛋白質 19 公克 ｜ 碳水化合物 52 公克 ｜ 脂肪 10 公克

特級冷壓初榨橄欖油 2 小匙
切碎的洋蔥 ½ 杯
黑豆罐頭（425 公克）1 個，瀝乾
　　沖水
冷凍玉米 1½ 杯
番茄糊 ¼ 杯
紅辣椒片 ¼ 小匙
玉米餅（6 吋）8 片
低脂蒙特里傑克乳酪刨絲 1 杯

1 大鍋放油，以中溫加熱。放入洋蔥拌炒約 2 分鐘，直到變軟。

2 放入黑豆、玉米、番茄醬和辣椒片。混合均勻，煮約 3 分鐘至整體變熱。放入盤中備用。

3 用廚房紙巾擦乾淨鍋子，放入玉米餅，撒上乳酪，加上 ¼ 份的黑豆混料，然後疊上另一張玉米餅。

4 將餡餅烘至金黃，用刮刀翻面，烘至另一面也呈金黃色。放入盤中。

5 其餘食材重複上述方式製作。裝盤享用。

═配　菜═

杏仁片四季豆 232

烤巴薩米克帕瑪森蔬菜盤 235

香脆南瓜條 236

地瓜脆片 237

烤球芽甘藍 238

糙米香料飯 240

杏仁小紅莓乾藜麥沙拉 241

蒜香炒櫛瓜菠菜 242

蒜香烤馬鈴薯 244

炒奶油南瓜青花菜 245

咖哩風馬鈴薯花椰菜 246

杏仁片四季豆

4 份 ｜ 準備時間 10 分鐘 ｜ 烹調時間 10 分鐘

79 大卡 ｜ 蛋白質 3 公克 ｜ 碳水化合物 10 公克 ｜ 脂肪 5 公克

鹽和現磨黑胡椒，視個人喜好
新鮮四季豆 454 公克，去絲
特級冷壓初榨橄欖油 ½ 小匙
杏仁片 ¼ 杯

1 大鍋放水，加少許鹽，以高溫煮至沸騰。放入四季豆煮 2 至 4 分鐘至變軟。

2 四季豆瀝乾，放進大碗，淋上橄欖油，以鹽和胡椒調味，拌勻。

3 大型不沾鑄鐵鍋以中高溫加熱。杏仁片噴油，放入熱鍋中。不時翻動約 2 至 3 分鐘，直到杏仁片烘烤完成。

4 鍋子降至中溫，放入四季豆。炒 2 分鐘，不時翻動。離火裝盤。

烤巴薩米克帕瑪森蔬菜盤

4 份｜準備時間 25 分鐘，加上 45 分鐘醃漬｜烹調時間 15 分鐘

382 大卡｜蛋白質 8 公克｜碳水化合物 26 公克｜脂肪 29 公克

特級冷壓初榨橄欖油 ½ 杯

巴薩米克醋 2 大匙

鹽、現磨黑胡椒，視個人喜好

茄子 2 個，切 1 公分薄片

櫛瓜 3 條，切 1 公分薄片

黃南瓜（yellow squash）2 條，切
　　1 公分薄片

紅椒 2 個，去籽切 1 公分薄片

帕瑪森乳酪刨片 ¼ 杯

1 取一大碗，放入橄欖油、醋、鹽和胡椒攪拌均勻。加入茄子、櫛瓜、黃南瓜和紅椒混合，使蔬菜裹上油醋，靜置 45 分鐘醃漬。

2 以中溫加熱條紋炙燒烤盤。烤盤略盤油。用料理夾將蔬菜夾出醃漬汁，滴去多餘醬汁，放上烤盤。不時翻面，炙烤蔬菜 10 至 15 分鐘直到變軟，每隔幾分鐘就刷上剩下的醃漬汁。

3 炙烤好的蔬菜裝盤。撒上帕瑪森乳酪片，即可享用。

香脆南瓜條

4 份｜準備時間 5 分鐘｜烹調時間 15 分鐘
143 大卡｜蛋白質 8 公克｜碳水化合物 21 公克｜脂肪 3 公克

南瓜（squash）可以保持眼睛健康。許多冬南瓜都富含 β- 胡蘿蔔素，這是一種人體用來製造維他命 A 的成分，對視力、骨骼生長和再生至關重要。一般而言，南瓜的果肉顏色越鮮亮，β- 胡蘿蔔素含量也越高。例如半杯奶油南瓜就含有 4,684 微克，而金絲南瓜（Spaghetti squash）只有 45 微克。

食用南瓜或許可預防癌細胞生長。根據夏威夷癌症研究中心主導的報告，南瓜中的 β- 胡蘿蔔素和其他分子如類胡蘿蔔素，或許能限制癌細胞之間的聯繫，使其獨立活動[1]。

冬南瓜（pumpkin）是南瓜家族的另一個成員，或許有助於預防白內障。2008 年一份報告，追蹤 35,000 位以上女性超過 10 年，發現參與追蹤者中，食用最多葉黃素和玉米黃素者——冬南瓜中富含的兩種抗氧化物質，罹患白內障的風險低了 18%[2]。

特級冷壓初榨橄欖油 1 小匙
蛋白 2 個，或以 6 大匙蛋白液取代
脫脂牛奶 ½ 杯
麵包粉 ⅔ 杯
帕瑪森乳酪刨粉 1 大匙
洋蔥粉 ½ 小匙
甜紅椒粉 ½ 小匙
乾巴西里 ½ 小匙
蒜粉 ½ 小匙
現磨黑胡椒 ¼ 小匙
大型黃南瓜 2 條，縱切四等份，然
　　後橫切成半

1 烤箱預熱至 230°C。大烤盤抹油備用。

2 蛋白和牛奶放進中碗，稍微攪打混合。

3 另取一個中碗，混合麵包粉、乳酪、洋蔥粉、紅椒粉、巴西里、蒜粉和胡椒。

4 南瓜條放入蛋奶液，然後裹上麵包粉。裹粉的南瓜條並排上放預備好的烤盤。繼續此步驟直到所有的南瓜條皆裹上粉。

5 放入烤箱，烤約 15 分鐘至南瓜條呈褐色，即可食用。

地瓜脆片

6 份 | 準備時間 5 分鐘 | 烹調時間 25 分鐘

61 大卡 | 蛋白質 1 公克 | 碳水化合物 10 公克 | 脂肪 2 公克

中型地瓜（各 142 公克）2 個，削
　　皮切薄片
特級冷壓初榨橄欖油 1 大匙
鹽 ½ 小匙

1 一個烤架放在烤箱中央，另一個則放在較低處。烤箱預熱至 200℃。取兩個淺烤盤，噴油備用。

2 地瓜片放入大碗，淋上橄欖油。用料理夾或乾淨的雙手混合均勻。地瓜片均勻鋪在淺烤盤上，放入烤箱。

3 烘烤地瓜片 22 至 25 分鐘，中途翻面一次，直到地瓜中心變軟，邊緣變脆。撒上鹽，即可享用

烤球芽甘藍

4 份 | 準備時間 15 分鐘 | 烹調時間 45 分鐘
164 大卡 | 蛋白質 6 公克 | 碳水化合物 16 公克 | 脂肪 11 公克

球芽甘藍富含維他命和礦物質。半杯球芽甘藍就含有每日建議攝取量一半的維他命 C，還有含量可觀的維他命 A、維他命 K、鉀和膳食葉酸。

球芽甘藍或許能降低癌症的風險。研究表示，攝取大量薹薹屬蔬菜（包括球芽甘藍）和降低肺癌、胃癌、結腸癌和直腸癌多種癌症的風險之間有強烈關聯[3]。

球芽甘藍能讓孕期健康。孕婦建議攝取額外的膳食葉酸，這是葉酸的一種型態，因為此成分在形成 DNA 中扮演重要角色，並有助於預防唇顎裂脊柱裂等先天性異常。半杯球芽甘藍就能提供一般成人 12% 的膳食葉酸之每日建議攝取量。

球芽甘藍 680 克，去掉末端硬梗和
　　發黃的葉片
特級冷壓初榨橄欖油 3 大匙
鹽和現磨黑胡椒，視個人喜好
切碎的新鮮香菜 ¼ 杯

1 烤箱預熱至 200°C。

2 球芽甘藍、橄欖油、鹽和胡椒放進大密封袋。封緊後搖晃混合均勻。

3 球芽甘藍倒入淺烤盤，放入烤箱烘烤約 30 至 45 分鐘。期間搖晃烤盤，使球芽甘藍均勻上色。烤透的球芽甘藍應近乎黑色的深褐色。

4 撒上切碎的香菜，立即食用。

糙米香料飯

4 份 │ 準備時間 5 分鐘 │ 烹調時間 45 分鐘，外加 10 分鐘靜置

218 大卡 │ 蛋白質 5 公克 │ 碳水化合物 39 公克 │ 脂肪 4 公克

食用糙米和較低的心臟病風險有關。1999 年的一份報告追蹤了 75,521 位女性超過 10 年，發現比起食用較少全穀物者，攝取大量全穀物，包括食用糙米，與降低 30% 心血管疾病風險有關[4]。

糙米的纖維含量較白米多。比起白米的 0.3% 纖維含量，糙米含有 1.8% 纖維。

糙米是維他命和礦物質的絕佳來源。光是一杯煮熟的糙米，其硫胺素、菸鹼酸、維他命 B6、鎂、磷、銅、錳和硒的含量，就超過每日建議攝取量的 10%。尤其是錳，一份糙米就含有每日建議攝取量之 88% 的錳。

無鹽奶油 1 大匙

紅蔥頭 1 個，去皮切碎

長糙米 1 杯，洗淨

鹽、現磨黑胡椒，視個人喜好

低鈉清雞湯 2 杯

大蒜 1 瓣，去皮拍扁

新鮮百里香 2 枝

切碎的扁葉巴西里 3 大匙

青蔥 3 個，切薄片

1 奶油放進多用途湯鍋，以中火加熱。放入紅蔥頭炒 1 至 2 分鐘，直到變軟。

2 放入糙米，攪拌均勻使其裹上奶油和紅蔥頭。煮數分鐘，直到米變光滑。以鹽和胡椒調味。

3 拌入清雞湯、大蒜和百里香。蓋上鍋蓋，轉至小火，煮 40 分鐘。離火靜置 10 分鐘。

4 取出百里香枝，也可取出大蒜。用叉子拌鬆糙米飯，拌入巴西里和青蔥，即可食用。

杏仁小紅莓乾藜麥沙拉

4 份 │ 準備時間 5 分鐘，外加冷卻時間 │ 烹調時間 20 分鐘
310 大卡 │ 蛋白質 9 公克 │ 碳水化合物 56 公克 │ 脂肪 6 公克

水 1½ 杯
乾藜麥 1 杯，洗淨
胡蘿蔔刨絲 ½ 杯
切碎的紅椒 ¼ 杯
切碎的黃椒 ¼ 杯
小型紫洋蔥 1 個，切碎
咖哩粉 1½ 小匙
切碎的新鮮香菜 ¼ 杯
萊姆汁 1 顆份
杏仁片 ¼ 杯，烘過
小紅莓乾 ½ 杯
鹽和現磨黑胡椒，視個人喜好

1 取中型多用途鍋，加水，蓋上鍋蓋以高溫加熱。水沸騰後，放入藜麥攪拌均勻。降至低溫，加蓋。

2 小火微沸煮約 15 至 20 分鐘，直到藜麥吸收水分。藜麥倒入大碗，冷藏直到冷卻。

3 藜麥冷卻後，拌入胡蘿蔔、甜椒、洋蔥、咖哩粉、香菜、萊姆汁、杏仁和小紅莓、鹽、胡椒。混合均勻，即可享用。

蒜香炒櫛瓜菠菜

6 份│準備時間 5 分鐘│烹調時間 10 分鐘

46 大卡│蛋白質 2 公克│碳水化合物 5 公克│脂肪 2 公克

特級冷壓初榨橄欖油 1 大匙
大蒜 2 瓣，去皮切末
櫛瓜 2 條，切細條
小番茄 2 杯
嫩菠菜 3 杯
檸檬汁 1 大匙
現磨黑胡椒 1 小撮

1 大平底鍋放油，以中小火加熱。放入大蒜炒香約 1 分鐘。加入櫛瓜，提高至中火。加熱 3 至 4 分鐘，不停翻炒。

2 拌進番茄，翻炒 1 分鐘。加入菠菜，續炒 3 至 4 分鐘直到菠菜變軟。加入檸檬汁和黑胡椒，離火裝盤。

蒜香烤馬鈴薯

6 份 ｜ 準備時間 30 分鐘 ｜ 烹調時間 1 小時 25 分鐘

242 大卡 ｜ 蛋白質 6 公克 ｜ 碳水化合物 43 公克 ｜ 脂肪 6 公克

馬鈴薯營養非常豐富。一份馬鈴薯就能提供 6.6 公克膳食纖維，以及多於每日建議攝取量 20% 的維他命 C、菸鹼酸、維他命 B6、膳食葉酸、鎂、磷、鉀和錳。

馬鈴薯含有多種可改善心臟健康的成分。除了富含鉀，多份報告指出鉀和減少高血壓與心血管疾病的風險有關，馬鈴薯也是絕佳的綠原酸和地骨皮甲素的來源，兩者皆有助於預防高血壓[5]。

馬鈴薯有助於預防過食。馬鈴薯的飽足感極佳，這就是為何研究顯示馬鈴薯可減少整體的熱量攝取，進而有助於減重[6]。

中型馬鈴薯（各 227 公克）6 個，
　　　插數個洞
整顆大蒜 1 個
特級冷壓初榨橄欖油 1 小匙
無鹽奶油 2 大匙，室溫軟化
脫脂牛奶 ½ 杯
白脫乳 ½ 杯
切碎的新鮮百里香葉 1½ 小匙
鹽 ½ 小匙
現磨黑胡椒 ½ 小匙
甜紅椒粉，視個人喜好

1 烤箱預熱至 200°C。馬鈴薯放上淺烤盤，以鋁箔紙包起，烤約 1 小時，直到叉子能夠輕鬆插入。

2 同時間，去除大蒜外皮，淋上橄欖油，以兩張鋁箔紙包起，放入 200°C 的烤箱烤約 30 至 35 分鐘，直到變軟。大蒜和馬鈴薯靜置 10 分鐘冷卻。

3 烤箱溫度提高到 240°C。

4 馬鈴薯降溫至可手拿後，每個馬鈴薯上方切去一薄片，捨棄不用。挖出馬鈴薯肉，只留下薄薄的外皮。挖出的馬鈴薯肉放進大碗，加入奶油壓碎混合均勻。

5 切去整朵大蒜頂部，只留下連結的根部，將烤好的蒜瓣擠入薯泥。加入牛奶、白脫乳、迷迭香、鹽、胡椒。混合均勻。

6 用湯匙舀起馬鈴薯，填回馬鈴薯外皮，放回烤盤上。烘烤 20 至 25 分鐘直到整體熱燙。取出烤箱，撒上少許紅椒粉即可。

炒奶油南瓜青花菜

6 份 ｜ 準備時間 10 分鐘 ｜ 烹調時間 10 分鐘

71 大卡 ｜ 蛋白質 2 公克 ｜ 碳水化合物 14 公克 ｜ 脂肪 2 公克

奶油南瓜 454 公克，去皮去籽，切
　　成 0.6 公分薄片
大蒜 1 瓣，去皮切末
薑末 ¼ 小匙
青花菜花蕾 1 杯
芹菜切薄片 ½ 杯
洋蔥切薄片 ½ 杯
蜂蜜 2 小匙
檸檬汁 1 大匙
葵花籽 2 大匙

1 大平底鍋噴油，以中高溫加熱。放入南瓜、大蒜和薑，翻炒 3 分鐘。

2 加入青花菜、芹菜和洋蔥，續炒 3 至 4 分鐘，直到蔬菜變軟。

3 同時間，在小碗中加入蜂蜜和檸檬汁，混合均勻。

4 蔬菜倒進大盤，淋上蜂蜜檸檬汁。用料理夾拌勻。撒上葵花籽即可食用。

咖哩風馬鈴薯花椰菜

4 份 │ 準備時間 5 分鐘 │ 烹調時間 25 分鐘
230 大卡 │ 蛋白質 12 公克 │ 碳水化合物 47 公克 │ 脂肪 1 公克

鹽，視個人喜好
花椰菜（908 至 1,362 公克）1 顆，
　　切下花蕾
馬鈴薯 454 公克，削皮，切 2.5 公
　　分見方小丁
中型洋蔥 1 個，切碎
大蒜 2 瓣，去皮切末
印度綜合香料或咖哩粉 2 大匙
低鈉蔬菜清湯 1 杯
冷凍豌豆 2 杯

1 大湯鍋加水，放少許鹽，以高溫煮至沸騰。放入花椰菜和馬鈴薯，煮 4 至 5 分鐘，取出瀝乾。

2 同時間，取荷蘭鍋，噴油，以中溫加熱。放入切碎的洋蔥和大蒜，炒 2 至 3 分鐘，直到洋蔥變軟。加入綜合香料，拌炒 1 分鐘。

3 煮好的馬鈴薯和花椰菜倒入荷蘭鍋。攪拌均勻，使其裹滿洋蔥和香料。加入清湯，洗起鍋底焦渣。

4 蓋上鍋蓋，小火微沸煮 10 分鐘。拌入豌豆，加蓋續煮 5 至 7 分鐘。立即食用。

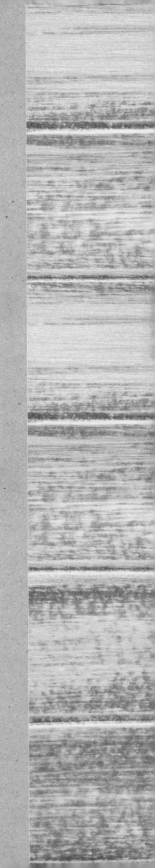

甜 點

桃子烤布樂 250

墨西哥萊姆派 251

楓糖葡萄乾麵包布丁 252

焗烤地瓜 254

迷你乳酪蛋糕 255

脆頂烤三莓 257

煎香蕉 258

自製肉桂蘋果醬 260

經典提拉米蘇 261

無麵粉巧克力蛋糕 262

桃子烤布樂

6 份 ｜ 準備時間 10 分鐘 ｜ 烹調時間 30 分鐘，外加 20 分鐘靜置

161 大卡 ｜ 蛋白質 12 公克 ｜ 碳水化合物 28 公克 ｜ 脂肪 1 公克

藍莓、覆盆子、草莓或綜合果醬 3 大匙

桃子丁泡水或 100% 原汁罐頭（425 公克）1 個，瀝乾

2% 茅屋乳酪 ½ 杯

水 ½ 杯

香草高蛋白粉 2 勺

中筋麵粉 ¼ 杯

甜菊糖（Truvia）½ 杯

快煮燕麥 ½ 杯

蜂蜜 1 大匙

1 烤箱預熱至 180°C。20 公分烤盤噴油。

2 果醬放入預備好的烤盤，用刮刀均勻抹開。鋪上桃子，備用。

3 取一中碗，放入茅屋乳酪、水、高蛋白粉、麵粉和甜味劑。混合均勻，倒在桃子上。

4 燕麥和蜂蜜放在小碗中混合均勻。用湯匙舀在烤布樂（Cobbler）上。

5 烘烤約 30 分鐘至金黃。靜置至少 20 分鐘再食用。

墨西哥萊姆派

6 份｜準備時間 15 分鐘，外加 4 至 6 小時冷卻｜烹調時間 55 分鐘

475 大卡｜蛋白質 11 公克｜碳水化合物 74 公克｜脂肪 16 公克

蜂蜜全麥餅乾（graham cracker）
　　碎片 ¾ 杯（約 4 片餅乾）
蘋果醬 ½ 杯
快煮燕麥 1 杯
肉桂粉 1 小匙
大型蛋黃 3 個
煉乳（397 公克）1 罐
墨西哥萊姆汁（key lime）⅓ 杯
冷凍打發鮮奶油 2 杯，放入冰箱 4
　　至 5 小時解凍

1 烤箱預熱至 180°C。

2 在大碗中放入全麥餅乾碎片、蘋果醬、燕麥和肉桂。混合均勻。挖取一大匙混料冷藏備用。

3 全麥餅乾混料鋪入 23 公分派模。輕壓底部和邊緣，形成塔皮。烤約 15 分鐘至邊緣金黃。塔皮完成後，烤箱降溫至 120°C。

4 蛋黃、煉乳和萊姆汁放入中碗，攪打至均勻滑順，倒入塔皮，烤約 40 分鐘直到餡料凝固。

5 萊姆派取出烤箱，完全冷卻。冷藏 4 至 6 小時，直到完全冷卻。塗上 5 公分厚的打發鮮奶油，撒上預留的餅乾混料，即可享用。

楓糖葡萄乾麵包布丁

4 份 | 準備時間 20 分鐘，外加冷卻時間 | 烹調時間 55 分鐘

277 大卡 | 蛋白質 10 公克 | 碳水化合物 50 公克 | 脂肪 3 公克

法國麵包切 1 公分小丁 2 杯
脫脂牛奶 1 杯
大型蛋 2 個
香草精 2½ 小匙
純楓糖漿 4 大匙，分兩份
葡萄乾 ⅓ 杯

1 烤箱預熱至 180°C。麵包丁鋪在淺烤盤上，不可重疊。放入烤箱烤脆，數分鐘後翻動。烤約 5 分鐘至金黃上色，取出冷卻。

2 在大碗中放入牛奶、蛋、香草精和 3 大匙楓糖漿攪打均勻。用刮刀拌入葡萄乾，輕輕混入脆麵包丁。冷藏至少 30 分鐘至 4 小時。

3 烤箱預熱至 160°C。取四個舒芙蕾模噴油，將混料分成四等份裝入。小烤模距離平均地放在 20×20 公分方型烤盤中，烤盤倒入 2.5 公分熱水。

4 布丁烤約 45 至 50 分鐘，直到凝固。淋上預留的 1 大匙楓糖漿，即可享用。

焗烤地瓜

4 份｜準備時間 15 分鐘｜烹調時間 30 分鐘
243 大卡｜蛋白質 5 公克｜碳水化合物 41 公克｜脂肪 7 公克

地瓜泥 3 杯
脫脂牛奶 ⅓ 杯
融化的無鹽奶油 1 大匙
香草精 1 小匙
鹽 ½ 小匙
蛋白 2 個，或以 6 大匙蛋白液取代
黃砂糖 ¼ 杯，壓實
中筋麵粉 ¼ 杯
橄欖油 1 大匙

1 烤箱預熱至 180˚C。18×28 公分烤盤噴油備用。

2 大碗中放入地瓜泥、牛奶、奶油、香草精和蛋白。混合均勻，平均地鋪入烤盤。

3 小碗中放入黑糖和麵粉。慢慢倒入橄欖油，直到整體質地呈粗粒狀。

4 將麵糰粗粒撒在地瓜泥上，烤 30 分鐘即完成。

迷你乳酪蛋糕

6 份（每份含 2 個乳酪蛋糕）│ 準備時間 30 分鐘│ 烹調時間 15 分鐘

567 大卡│ 蛋白質 9 公克│ 碳水化合物 79 公克│ 脂肪 24 公克

香草威化餅（340 公克）1 包
低脂奶油乳酪（227 公克）2 盒
甜菊糖（Truvia）⅓ 杯＋ 1 大匙
大型蛋 2 個
香草精 1 小匙

1 烤箱預熱至180˚C。馬芬 12 連模的烤杯裝烘焙紙杯。

2 威化餅以食物調理機打碎，或是放入大密封袋封緊，用擀麵棍壓碎。每個馬芬紙杯舀入 2 大匙。

3 大碗中放入奶油乳酪、甜菊糖、蛋和香草精。用手持攪拌棒攪打至輕盈蓬鬆。

4 奶油乳酪混料倒入馬芬杯至九分滿。

5 烤約 15 分鐘至凝固。取出烤箱，冷卻後食用。

脆頂烤三莓

6 份｜準備時間 20 分鐘｜烹調時間 40 分鐘
524 大卡｜蛋白質 6 公克｜碳水化合物 92 公克｜脂肪 17 公克

黑莓 ¾ 杯
覆盆子 ¾ 杯
藍莓 ¾ 杯
細白砂糖 1 大匙
甜菊糖（Truvia）¾ 杯
全麥麵粉 1 杯
傳統燕麥 1 杯
肉桂 ½ 小匙
肉豆蔻 ¼ 小匙
冰涼奶油 ½ 杯（1 條），切丁

1 烤箱預熱至 180℃。23×33 公分烤盤噴油。

2 大碗中放入黑莓、覆盆子和藍莓與 1 大匙糖，拌勻。

3 另取一個大碗，放入甜菊糖、麵粉、燕麥、肉桂和肉豆蔻。加入奶油塊，用叉子攪拌混合成粗粒。

4 將一半的燕麥混料放入預備好的烤盤底部壓平。放上三種莓果，撒上其餘的燕麥混料。

5 烤約 30 至 40 分鐘，直到水果冒泡，頂部呈深金黃色即完成。

煎香蕉

2 份｜準備時間 5 分鐘｜烹調時間 10 分鐘

693 大卡｜蛋白質 6 公克｜碳水化合物 76 公克｜脂肪 44 公克

植物油 ¼ 杯
黑糖 ⅓ 杯，不壓實
波本香草精 1 大匙
肉桂粉 ½ 小匙
熟透的香蕉 2 根，剝皮縱切片，然
　　後橫對切
夏威夷果仁略切 ¼ 杯
低脂香草冷凍優格 1 杯

1 大平底鍋放油，以中溫加熱。拌入黑糖、香草精和肉桂。

2 糖開始冒泡時，拌入香蕉和堅果。煎煮 1 至 2 分鐘，直到香蕉熱燙。

3 香蕉離火，與一小勺冷凍優格一起裝盤食用。

自製肉桂蘋果醬

4 份｜準備時間 10 分鐘，外加冷卻的時間｜烹調時間 20 分鐘

96 大卡｜蛋白質 1 公克｜碳水化合物 25 公克｜脂肪 0 公克

蘋果 4 個，削皮去核切碎
水 ½ 杯
甜菊糖（Truvia）¼ 杯
肉桂粉 ½ 杯

1 取中型鍋，放入蘋果、水、甜菊糖和肉桂。

2 蓋上鍋蓋，以中火煮約 15 至 20 分鐘，直到蘋果變軟不成形。

3 靜置冷去，然後用叉子或以馬鈴薯壓泥器壓碎。冷藏至冷卻，即可使用。

經典提拉米蘇

8 份｜準備時間 30 分鐘，外加冷卻的時間
227 大卡｜蛋白質 5 公克｜碳水化合物 21 公克｜脂肪 13 公克

低脂奶油乳酪（227 公克）1 盒，
　　室溫軟化
馬斯卡彭乳酪（227 公克）½ 盒
甜菊糖（Truvia）½ 杯
濃縮咖啡或咖啡香甜酒 1 小匙（可
　　不加）
手指餅乾 24 個
濃縮咖啡 1 杯，冷卻
咖啡香甜酒（Kahlúa）1 大匙
黃砂糖 1 大匙，壓實
無糖可可粉 1½ 小匙
苦甜巧克力刨絲 14 公克

1 製作餡料：大碗中放入奶油乳酪和馬斯卡彭乳酪，用手持攪拌棒以中速攪打至滑順。加入甜菊糖，可依喜好加入 1 大匙濃縮咖啡或咖啡香甜酒，以中速攪打至混合均勻。

2 手指餅乾縱切為二。將 24 個剖半的手指餅乾，切面朝下，放入 20 公分方型烤盤。

3 小碗中混合 1 杯濃縮咖啡、1 大匙咖啡香甜酒，以及黃砂糖。將一半的液體淋在手指餅乾上，使之吸收，然後塗上一半的奶油乳酪餡料。

4 重複此步驟，擺上其餘的手指餅乾，浸漬剩下的咖啡液，然後鋪上剩餘的奶油乳酪餡料。

5 小碗中混合可可粉和巧克力絲，均勻撒在餡料上方。

6 以保鮮膜包起，冷藏 2 小時或隔夜。切塊即可食用。

無麵粉巧克力蛋糕

4 份 | 準備時間 15 分鐘 | 烹調時間 30 分鐘，外加 10 分鐘冷卻

377 大卡 | 蛋白質 9 公克 | 碳水化合物 14 公克 | 脂肪 34 公克

黑巧克力（70% 以上可可）所含的抗氧化物質高於許多「超級食物」。未加工的可可豆是所有食物中 ORAC 值（氧自由基吸收指數）最高的，用來測量食物吸收人體內氧自由基的能力。[1]

黑巧克力可促進血液循環。黑巧克力含有大量稱為類黃酮的分子，可刺激氮氧化物生成。這種物質能使動脈放鬆，增進血液循環，降低血壓。[2]

黑巧克力或許可保護皮膚不受陽光傷害。有趣的是，增加血液循環對皮膚預防陽光傷害也有正面的影響。一份報告指出，食用巧克力 12 週的人，需要至少兩倍的 UVB 射線，才能引起曝曬在陽光下後的皮膚發紅。[3]

無鹽奶油 ⅓ 杯，外加用於防沾份量
80% 黑巧克力 113 公克，切碎
甜菊糖（Truvia）½ 杯
無糖可可粉 ½ 杯
大型蛋 3 個，打散
香草精 1 小匙

1 烤箱預熱至 150°C。20 公分圓形蛋糕模抹奶油。

2 巧克力和奶油放入耐熱中碗。以微波爐用低溫加熱至融化。拌入甜菊糖、可可粉、蛋液和香草精。倒入準備好的烤模。

3 烤 30 分鐘。取出烤箱，冷卻 10 分鐘。

4 蛋糕脫模，放在網架上使其完全冷卻。裝盤享用。

從此，
你的身體將會改變

「你對所做之事的熱愛，和把自己推向他人尚未準備好前往之地的意願，都
會讓你變得更強壯。」——羅倫斯・沙赫拉伊（Laurence Shahlaei）

所以⋯⋯我想就這樣了，對吧？已經抵達盡頭了⋯⋯

才不是呢。

你正在——沒錯，已經開始了——改進自我中，改變身體的速度比你想像都還要快。很快的，你就非常明確地知道自己可以利用在這本書中所學到的一切，打造夢想中的體態。

我很開心了解到你確實擁有改變身體的力量——變得精實、強壯，而且健康，而且你完全掌握身體的外觀和表現。

不論你認為自己有多麼「普通」，我保證你不僅可以打造卓越的體態體能，更能擁有出色的人生。如果你從健身中得到的信心和驕傲進而影響生命中的其他部分、激勵你達到其他目標、在各方面變得更好，別感到意外。

從這裡開始，就是踏上我為你鋪好的路，12 週之內，你就會看著鏡子，心想「真開心我照著做了」，而不是「要是我有照做就好了」。

我的目標是幫助你的到你的目標，而我希望這本書對你有幫助。

如果我們一起團隊合作，我們就會而且一定會成功。

因此，我希望你在開始改造的時候做一個承諾：你可以向我——還有你自己——保證，你會讓我知道你達到目標了嗎？

我們可以透過以下方式聯絡：

臉書：facebook.com/muscleforlife

推特：@muscleforlife

Instagram：instagram.com/muscleforlife

最後是我的網站，www.muscleforlife.com。如果你想要寫信給我，我的電子信箱是 mike@muscleforlife.com。（不過要知道，我每天都會收到許多私人信件，因此如果你的訊息能夠盡可能簡短，這樣我就能努力回信給大家了！）

再度感謝。希望能有你的消息，祝你一切順利！

你願意幫我一個忙嗎？

謝謝你買下這本書。如果你按照書中內容，你就會踏上一條讓內外在都將變得比過去更好的路，對於這點我很有把握。

我想要請你幫一個小忙。

你願意在亞馬遜網站上為這本書寫一小則評論嗎？我會親自瀏覽所有評論，而且我非常喜歡得到回饋（這是我的工作的真正回報──知道自己正在幫助他人）。

另外，如果你有任何朋友和家人可能喜歡這本書，散播愛，將這本書借給他們吧！

再度感謝。希望有你的消息，祝你一切順利！

介紹 Muscle For Life
客製化的餐點計畫

如果你希望謹慎對待飲食，並且想要客製化的餐點計畫，只要照著做就保證有效，那麼你一定要讀這一頁。

首先我希望你了解，當我說「客製化」餐點計畫時，我是認真的。

付錢買「大師」們的餐點計畫，結果收到平庸且複製貼上的表單，而且完全不考慮你對食物的好惡、你的作息、訓練時間和生活型態，沒有什麼比這個更討厭的事了。

這就是為何以不同方式打造我們的客製化餐點計畫。

我們不僅為每一個人從無到有打造計畫，而且我們還可以依照各式各樣的預算和所需飲食：全素、蛋奶素、史前時代飲食、可吃的食物、敏感食物、過敏，以及所有其他食物喜好和限制。

意思就是，你將會很享受你的飲食。你會期待每一天每一餐的到來，對按表操課效果絕佳。簡簡單單就能堅持滿是喜愛食物的飲食法！

我們不會只寄給你一張計畫表就把你打發掉。我們會透過電子郵件，確認你得到成果。

程序如下⋯⋯

第一步

　付錢註冊帳號，然後填寫一張詳細的問券，告訴我的團隊你的健身目標、健身課表、食物喜好，以及其他打造餐點計畫表需要知道的一切。

第二步

　我們會利用的你回答，創造你的餐點計畫，於收到你填寫完成的問券後的 5 至 7 天內上傳到網站。

第三步

　我們會發電子信件通知你的餐點計畫表已經準備好，你登入帳號就可以下載。

第四步

　如果在步驟中遇到任何難題，我們都可以透過電子郵件回達任何你可能遇到的問題，確保一切順利。

　你想減掉多少體重呢？你想增加多少肌肉？光是健身是不夠的。讓我瞧瞧你究竟怎麼吃，才能達到目標！

請上 www.muscleforlife.com/mp
現在就取得你的客製化餐點計畫表！

我想改變運動補給品產業。
你願意加入嗎？

歐比王・肯諾比（Obi-Wan Kenobi）的名言最適合用來形容現在的運動補給品產業：龍蛇雜處，一幫子三教九流的巢穴。

價值數十億元的補給品產業真相大致如下：

雖然某些運動補給品有幫助，但是並不能打造絕佳體態（適當的訓練和營養才能辦到），而絕大多數的補給品純粹是浪費錢。

太多產品所謂的「獨家配方」，其實是用低劣的材料、毫無營養的填充物，還有不必要的添加物。關鍵的材料含量少得驚人。標籤和廣告中喧囂的口號，缺乏可信的科學證據支持。這個產業中錯誤的事情簡直罄竹難書。

這就是為何我決定跳進補給品遊戲中。

為什麼？難道我是虛偽的傢伙？你應該抓取乾草叉，把我趕出網路世界嗎？聽我說幾分鐘再決定吧。

我們最不需要的，就是另一個行銷機器推出令人興奮又眼花撩亂、宣稱比睪固酮更有效的粗製濫造的系列產品。

我認為應該有不同的做法，而我相信自己將會是我所樂見的改變。這就是為何我打造了 LEGION 品牌。

我創造 LEGION 不僅是為了將獨一無二的產品帶進補給品產業，同時也是開始一項運動。LEGION 和其他烏合之眾不同之處如下：

- 100% 透明化產品配方。採用獨家配方的唯一理由，就是魚目混珠和欺騙。你必須要知道自己買了什麼。
- 100% 科學立基的材料和份量。我們使用的每一項材料都有已出版的科學文獻支持，還包括真正的臨床有效的份量。
- 100% 天然甜味劑和香料。研究表示，經常食用人工甜味劑可能對健康有害，這就是為何我們採用證實對健康有益的天然甜味劑。人工香料看似無害，但是毫無必要，天然香料的風味一樣好。

LEGION 補給品不僅更有價值，對你的健康更好……而且更能為你帶來有感的真正成效。

更多資訊請上 www.legionathletics.com
使用折扣碼「TSC10」可打九折！

作者相關著作

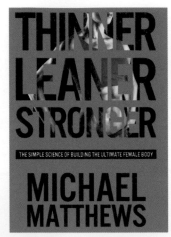

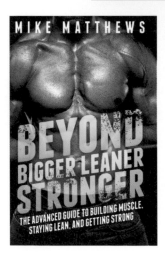

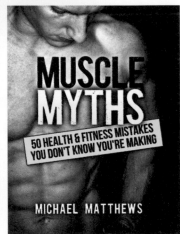

額外資訊

────────────

　　你可能想要利用這本書中的食譜計畫每日餐點,所以我想要給你一份電腦表單幫助你。

　　你會在表單中查到每一份食譜拆解後,每一項食材的巨量營養素,讓你可以隨心所欲輕鬆變化食譜與份量。

　　因此,當你打造自己的餐點計畫表時,只要瀏覽表單,選擇符合你的熱量和巨量營養素目標的食譜即可。不需要翻閱整本食譜書!

請造訪以下網站,現在就免費下載表單吧!
下載表單,請上 www.bit.ly/tsc-spreadsheet

附 註

「唯一飲食法」大騙局

1. Gregory A. Hand, Robin P. Shook, Amanda E. Paluch, Meghan Baruth, E. Patrick Crowley, Jason R. Jaggers, Vivek K. Prasad, Thomas G. Hurley, James R. Hebert, Daniel P. O'Connor, Edward Archer, Stephanie Burgess, and Steven N. Blair, "The Energy Balance Study: The Design and Baseline Results for a Longitudinal Study of Energy Balance," Research *Quarterly for Exercise and Sport* 84, no. 3 (2013): 275–86.

2. Madison Park, "Twinkie Diet Helps Nutrition Professor Lose 27 Pounds," CNN.com, last modified November 8, 2010, http://www.cnn.com/2010/HEALTH/11/08/twinkie.diet.professor/.

3. Samuel Mettler, Nigel Mitchell, and Kevin D. Tipton, "Increased Protein Intake Reduces Lean Body Mass Loss during Weight Loss in Athletes," *Medicine and Science in Sports and Exercise* 42, no. (2010): 326–37doi: 10.1249/MSS.0b013e3181b2ef8e.

4. John D. Bosse and Brian M. Dixon, "Dietary Protein to Maximize Resistance Training: A Review and Examination of Protein Spread and Change Theories," *Journal of the International Society of Sports Nutrition* 9, no. 1 (2012): 42doi: 10.1186/1550-2783-9-42.

5. Eric R. Helms, Caryn Zinn, David S. Rowlands, and Scott R. Brown, "A Systematic Review of Dietary Protein during Caloric Restriction in Resistance Trained Lean Athletes: A Case for Higher Intakes," *International Journal of Sport Nutrition and Exercise Metabolism* 24, no. 2 (2014): 127–38doi: 10.1123/ijsnem.2013-0054.

6. Anssi H. Manninen, "High-Protein Weight Loss Diets and Purported Adverse Effects: Where Is the Evidence?" *Journal of the International Society of Sports Nutrition* 1, no. 1 (2004): 45–51doi: 10.1186/1550-2783-1-1-45; William F. Martin, Lawrence E. Armstrong, and Nancy R. Rodriguez, "Dietary Protein Intake and Renal Function," *Nutrition and Metabolism* 2 (2005): 25doi: 10.1186/1743-7075-2-25.

7. Wieke Altorf-van der Kuil, Mariëlle F. Engberink, Elizabeth J. Brink, Marleen A. van Baak, Stephan J. L. Bakker, Gerjan Navis, Pieter van 't Veer, and Johanna M. Geleijnse, "Dietary Protein and Blood Pressure: A Systematic Review," *PLOS One* 5, no. 8 (2010): e12102doi: 10.1371/journal.pone.0012102; Mary C. Gannon, Frank Q. Nuttall, Asad Saeed, Kelly Jordan, and Heidi Hoover, "An Increase in Dietary Protein Improves the Blood Glucose Response in Persons with Type 2 Diabetes," *American Journal of Clinical Nutrition* 78, no. 4 (2003): 734–41.

8. Jean-Philippe Bonjour, "Dietary Protein: An Essential Nutrient for Bone Health," *Journal of the American College of Nutrition* 24, suppl. no. 6 (2006): 526S–36S. doi: 10.1080/07315724.2005.10719501; Jane E. Kerstetter, Anne M. Kenny, and Karl L. Insogna, "Dietary Protein and Skeletal Health: A Review of Recent Human Research," *Current Opinion in Lipidology* 22, no. 1 (2011): 16–20. doi: 10.1097/MOL.0b013e3283419441.

9. Oliver C. Witard, Sarah R. Jackman, Arie K. Kies, Asker E. Jeukendrup, and Kevin D. Tipton, "Effect of Increased Dietary Protein on Tolerance to Intensified Training," *Medicine and Science in Sports and Exercise* 43, no. 4 (2011): 598–607doi: 10.1249/MSS.0b013e3181f684c9.

10. Erin Gaffney-Stomberg, Karl L. Insogna, Nancy R. Rodriguez, and Jane E. Kerstetter, "Increasing Dietary Protein Requirements in Elderly People for Optimal Muscle and Bone Health," *Journal of the American Geriatrics Society* 47, no. 6 (2009): 1073–79doi: 10.1111/j.1532-5415.2009.02285.x.

11. Mettler, Mitchell, and Tipton, "Increased Protein Intake Reduces Lean Body Mass Loss," 326–37.

12. Petra Stiegler and Adam Cunliffe, "The Role of Diet and Exercise for the Maintenance of Fat-Free Mass and Resting Metabolic Rate during Weight Loss," *Sports Medicine* 36, no. 3 (2006): 239–62.

13. Jo Smith and Lars McNaughton, "The Effects of Intensity of Exercise on Excess Postexercise Oxygen Consumption and Energy Expenditure in Moderately Trained Men and Women," *European Journal of Applied Physiology and Occupational Physiology* 67, no. 5 (1993): 420–25.

14. Tyler A. Churchward-Venne, Caoileann H. Murphy, Thomas M. Longland, and Stuart M. Phillips, "Role of Protein and Amino Acids in Promoting Lean Mass Accretion with Resistance Exercise and Attenuating Lean Mass Loss during Energy Deficit in Humans," *Amino Acids* 45, no. 2 (2013): 231–40. doi: 10.1007/s00726-013-1506-0.

15. Donald K. Layman, Richard A. Boileau, Donna J. Erickson, James E. Painter, Harn Shiue, Carl Sather, and Demtra D. Christou, "A Reduced Ratio of Dietary Carbohydrate to Protein Improves Body Composition and Blood Lipid Profiles during Weight Loss in Adult Women," *Journal of Nutrition* 133, no. 2 (2003): 411–17; Mettler, Mitchell, and Tipton, "Increased Protein Intake Reduces Lean Body Mass Loss during Weight Loss in Athletes," 326–37.

16. Carol S. Johnston, Sherrie L. Tjonn, Pamela D. Swan, Andrea White, Heather Hutchins, and Barry Sears, "Ketogenic Low-Carbohydrate Diets Have No Metabolic Advantage over Nonketogenic Low-Carbohydrate Diets," *American Journal of Clinical Nutrition* 83, no. 5 (2006): 1055-61; Shane A. Phillips, Jason W. Jurva, Amjad Q. Syed, Amina Q. Syed, Jacquelyn P. Kulinski, Joan Pleuss, Raymond G. Hoffmann, and David D. Gutterman, "Benefit of Low-Fat over Low-Carbohydrate Diet on Endothelial Health in Obesity," *Hypertension* 51, no. 2 (2008): 376-82; Frank M. Sacks, George A. Bray, Vincent J. Carey, Steven R. Smith, Donna H. Ryan, Stephen D. Anton, Katherine McManus, Catherine M. Champagne, Louise M. Bishop, Nancy Laranjo, Meryl S. Leboff, Jennifer C. Rood, Lilian de Jonge, Frank L. Greenway, Catherine M. Loria, Eva Obarzanek, and Donald A. Williamson, "Comparison of Weight-Loss Diets with Different Compositions of Fat, Protein, and Carbohydrates," *New England Journal of Medicine* 360 (February 26, 2009): 859-73doi: 10.1056/NEJMoa0804748; Cynthia A. Thomson, Alison T. Stopeck, Jennifer W. Bea, Ellen Cussler, Emily Nardi, Georgette Frey, and Patricia A. Thompson, "Changes in Body Weight and Metabolic Indexes in Overweight Breast Cancer Survivors Enrolled in a Randomized Trial of Low-Fat vs. Reduced Carbohydrate Diets," *Nutrition and Cancer* 62, no. 8 (2010): 1142-52doi: 10.1080/01635581.2010.513803.

17. "Dietary Reference Intakes: Macronutrients," National Academies Institute of Medicine, accessed December 18, 2015, http://iom.nationalacademies.org/~/media/Files/Activity%20Files/Nutrition/DRIs/DRI_Macronutrients.pdf.

18. Susan C. Wooley, "Physiologic Versus Cognitive Factors in Short Term Food Regulation in the Obese and Nonobese," *Psychosomatic Medicine* 34, no. 1 (1972): 62-68.

19. Jameason D. Cameron, Marie-Josée Cyr, and Éric Doucet, "Increased Meal Frequency Does Not Promote Greater Weight Loss in Subjects Who Were Prescribed an 8-Week Equi-Energetic Energy-Restricted Diet," *British Journal of Nutrition* 103, no. 8 (2010): 1098-101doi: 10.1017/S0007114509992984.

20. Sigal Sofer, Abraham Eliraz, Sara Kaplan, Hillary Voet, Gershon Fink, Tzadok Kima, and Zecharia Madar, "Greater Weight Loss and Hormonal Changes after 6 Months Diet with Carbohydrates Eaten Mostly at Dinner," *Obesity* 19, no. 10 (2011): 2006-14doi: 10.1038/oby.2011.48.

21. Alan A. Aragon and Brad J. Schoenfeld, "Nutrient Timing Revisited: Is There a Post-Exercise Anabolic Window?" *Journal of the International Society of Sports Nutrition* 10 (2013): 5doi: 10.1186/1550-2783-10-5.

如何以彈性飲食法獲得夢寐以求的身材？

1. Xia Wang, Yingying Ouyang, Jun Liu, Minmin Zhu, Gang Zhao, Wei Bao, and Frank B. Hu, "Fruit and Vegetable Consumption and Mortality from All Causes, Cardiovascular Disease, and Cancer: Systematic Review and Dose-Response Meta-Analysis of Prospective Cohort Studies," *British Medical Journal* 349 (2014): g4490. doi: 10.1136/bmj.g4490.

2. Hiroyasu Mori, "Effect of Timing of Protein and Carbohydrate Intake after Resistance Exercise on Nitrogen Balance in Trained and Untrained Young Men," *Journal of Physiological Anthropology* 33, no. 1 (2014): 24; Tipton, Kevin D., Tabatha A. Elliott, Melanie G. Cree, Asle A. Aarsland, Arthur P. Sanford, and Robert R. Wolfe. "Stimulation of net muscle protein synthesis by whey protein ingestion before and after exercise." *American Journal of Physiology-Endocrinology and Metabolism* 292, no. 1 (2007): E71-E76.

3. Corby K. Martin, Leonie K. Heilbronn, Lilian de Jonge, James P. DeLany, Julia Volaufova, Stephen D. Anton, Leanne M. Redman, Steven R. Smith, and Eric Ravussin, "Effect of Calorie Restriction on Resting Metabolic Rate and Spontaneous Physical Activity," *Obesity* 15, no. 12 (2007): 2964-73doi: 10.1038/oby.2007.354.

4. Leanne M. Redman, Leonie K. Heilbronn, Corby K. Martin, Lilian de Jonge, Donald A. Williamson, James P. Delany, and Eric Ravussin, "Metabolic and Behavioral Compensations in Response to Caloric Restriction: Implications for the Maintenance of Weight Loss," *PLOS One* 4, no. 2 (2009): e4377.

5. James A. Levine, "Non-Exercise Activity Thermogenesis (NEAT)," *Clinical Endocrinology & Metabolism* 16, no. 4 (2002): 679-702doi: 10.1053/beem.2002.0227.

6. James A. Levine, Mark W. Vander Weg, James O. Hill, and Robert C. Klesges, "Non-Exercise Activity Thermogenesis: The Crouching Tiger Hidden Dragon of Societal Weight Gain," *Arteriosclerosis, Thrombosis, and Vascular Biology*, 26 (2006): 729-36doi: 10.1161/01.ATV.0000205848.83210.73.

7. David S. Weigle, "Contribution of Decreased Body Mass to Diminished Thermic Effect of Exercise in Reduced-Obese Men," *International Journal of Obesity* 12, no. 6 (1988): 567-78.

8. David S. Weigle and John D. Brunzell, "Assessment of Energy Expenditure in Ambulatory Reduced-Obese Subjects by the Techniques of Weight Stabilization and Exogenous Weight Replacement," *International Journal of Obesity* 14, suppl. no. 1 (1990): 77-81.

如何吃得正確，又不過度計較每一大卡

1. Bosse and Dixon, "Dietary Protein to Maximize Resistance Training," 42

2. Thomas L. Halton and Frank B. Hu, "The Effects of High Protein Diets on Thermogenesis, Satiety and Weight Loss: A Critical Review," *Journal of the American*

College of Nutrition 23, no. 5 (2004): 373–85; Mettler, Mitchell, and Tipton, "Increased Protein Intake Reduces Lean Body Mass Loss," 326–37.

3. Eric R. Helms, Caryn Zinn, David S. Rowlands, Ruth Naidoo, and John Cronin, "High-Protein, Low-Fat, Short-Term Diet Results in Less Stress and Fatigue Than Moderate-Protein Moderate-Fat Diet during Weight Loss in Male Weightlifters: A Pilot Study," International Journal of Sport Nutrition and Exercise Metabolism 25, no. 2 (2015): 163–70. doi: 10.1123/ijsnem.2014-005.

4. David S. Weigle, Patricia A. Breen, Colleen C. Matthys, Holly S. Callahan, Kaatje E. Meeuws, Verna R. Burden, and Jonathan Q. Purnel, "A High-Protein Diet Induces Sustained Reductions in Appetite, Ad Libitum Caloric Intake, and Body Weight Despite Compensatory Changes in Diurnal Plasma Leptin and Ghrelin Concentrations," American Journal of Clinical Nutrition 82, no. 1 (2005): 41–48.

5. Margriet S. Westerterp-Plantenga, "The Significance of Protein in Food Intake and Body Weight Regulation," Current Opinion in Clinical Nutrition and Metabolic Care 6, no. 6 (2003): 635–38; Laura C. Ortinau, Heather A. Hoertel, Steve M. Douglas, and Heather J. Leidy, "Effects of High-Protein vs. High-Fat Snacks on Appetite Control, Satiety, and Eating Initiation in Healthy Women," Nutrition Journal 13 (2014): 97doi: 10.1186/1475-2891-13-97.

6. John A. Batsis, Todd A. Mackenzie, Laura K. Barre, Francisco Lopez-Jimenez, and Stephen J. Bartels, "Sarcopenia, Sarcopenic Obesity, and Mortality in Older Adults: Results from the National Health and Nutrition Examination Survey III," European Journal of Clinical

Nutrition 68 (2014): 1001–07doi: 10.1038/ejcn.2014.117.

7. José A. Morais, Stéphanie Chevalier, and Rejeanne Gougeon, "Protein Turnover and Requirements in the Healthy and Frail Elderly," Journal of Nutritional Health and Aging 10, no. 4 (2006): 272–83; Dorothee Volkert and Cornel Christian Sieber, "Protein Requirements in the Elderly," International Journal for Vitamin and Nutrition Research 81 (2011): 109–19doi: 10.1024/0300-9831/a000061; Michael Tieland, Marlou L. Dirks, Nikita van der Zwaluw, Lex B. Verdijk, Ondine van de Rest, Lisette C. P. G. M. de Groot, and Luc J.C. van Loon, "Protein Supplementation Increases Muscle Mass Gain during Prolonged Resistance-Type Exercise Training in Frail Elderly People: A Randomized, Double-Blind, Placebo-Controlled Trial," Journal of Post-Acute and Long-Term Care Medicine 13, no. 8 (2012): 713–19doi: 10.1016/j.jamda.2012.05.020.

8. Erin Gaffney-Stomberg, Karl L. Insogna, Nancy R. Rodriguez, and Jane E. Kerstetter, "Increasing Dietary Protein Requirements in Elderly People for Optimal Muscle and Bone Health," Journal of the American Geriatrics Society 57, no. 6 (2009): 1073–79.

9. Eric R. Helms, Caryn Zinn, David Stephen Rowlands, and Scott Randall Brown, "A Systematic Review of Dietary Protein during Caloric Restriction in Resistance Trained Lean Athletes: A Case for Higher Intakes," International Journal of Sport Nutrition and Exercise Metabolism 24, no. 2 (2013): 127–38doi: 10.1123/ijsnem.2013-0054.

10. Joanne L. Slavin, "Dietary Fiber: Classification, Chemical Analyses, and Food Sources," Journal of the American Dietary Association 87, no. 9 (1987): 1164–71.

11. Alison M. Stephen and John H. Cummings, "Mechanism of Action of Dietary Fibre in the Human Colon," Nature 284, no. 5753 (1980): 283–84doi: 10.1038/284283a0; Alfredo A. Rabassa and Arvey I. Rogers, "The Role of Short-Chain Fatty Acid Metabolism in Colonic Disorders," American Journal of Gasteroenterology 87, no. 4 (1992): 419–23.

12 Slavin, "Dietary Fiber," 1164–71.

13. Medical College of Georgia, "Scientists Learn More about How Roughage Keeps You 'Regular,'" Science Daily, Aug. 23, 2006, http://www.sciencedaily.com/releases/2006/08/ 060823093156.htm.

14. Peter C. Elwood, Janet E. Pickering, D. Ian Givens, and John E. Gallacher, "The Consumption of Milk and Dairy Foods and the Incidence of Vascular Disease and Diabetes: An Overview of the Evidence," Lipids 45, no. 10 (2010): 925–39doi: 10.1007/s11745-010-3412-5; Zaldy S. Tan, William S. Harris, Alexa S. Beiser, Jayandra J. Himali, Stephanie Debette, Alexandra Pikula, Charles DeCarli, Philip A. Wolf, Ramachandran S. Vasan, Sander J. Robins, and Sudha Seshadri, "Red Blood Cell Omega-3 Fatty Acid Levels and Markers of Accelerated Brain Aging," Neurology 78, no. 9 (2012): 658–64doi: 10.1212/WNL.0b013e318249f6a9; Ying Bao, Jiali Han, Frank B. Hu, Edward L. Giovannucci, Meir J. Stampfer, Walter C. Willett, and Charles S. Fuchs, "Association of Nut Consumption with Total and Cause-Specific Mortality," New England Journal of Medicine 369 (2013): 2001–11doi: 10.1056/NEJMoa1307352; Satoko Yoneyama, Katsuyuki Miura, Satoshi Sasaki, Katsushi Yoshita, Yuko Morikawa, Masao Ishizaki, Teruhiko Kido, Yuchi Naruse, and Hideaki Nakagawa, "Dietary Intake of Fatty Acids and Serum C-Reactive Protein in Japanese," Journal of Epidemiology 17, no. 3 (2007): 86–92doi: 10.2188/jea.17.86.

15. Qibin Qi, Audrey Y. Chu, Jae H. Kang, Jinyan Huang, Lynda M. Rose, Majken K. Jensen, Liming Liang, Gary C. Curhan, Louis R. Pasquale, Janey L. Wiggs, Immaculata De Vivo, Andrew T.

Chan, Hyon K. Choi, Rulla M. Tamimi, Paul M. Ridker, David J. Hunter, Walter C. Willett, Eric B. Rimm, Daniel I. Chasman, Frank B. Hu, and Lu Qi, "Fried Food Consumption, Genetic Risk, and Body Mass Index: Gene-Diet Interaction Analysis in Three US Cohort Studies," BMJ (2014): 348doi: 10.1136/bmj.g1610; Federico Soriguer, Gemma Rojo-Martínez, M. Carmen Dobarganes, José M. García Almeida, Isabel Esteva, Manuela Beltrán, M. Soledad Ruiz De Adana, Francisco Tinahones, Juan M. Gómez-Zumaquero, Eduardo García-Fuentes, and Stella González-Romero, "Hypertension Is Related to the Degradation of Dietary Frying Oils," American Journal of Clinical Nutrition 78, no. 6 (2003): 1092–97; Michael J. A. Williams, Wayne H. F. Sutherland, Maree P. McCormick, Sylvia A. de Jong, Robert J. Walker, and Gerard T. Wilkins, "Impaired Endothelial Function Following a Meal Rich in Used Cooking Fat," Journal of the American College of Cardiology 33, no. 4 (1999): 1050–55doi: 10.1016/S0735-1097(98)00681-0; Carlotta Galeone, Claudio Pelucchi, Renato Talamini, Fabio Levi, Cristina Bosetti, Eva Negri, Salvatore Franceschi, and Carlo La Vecchia, "Role of Fried Foods and Oral/Pharyngeal and Oesophageal Cancers," British Journal of Cancer 92, no. 11 (2005): 2065–69doi: 10.1038/sj.bjc.6602542; Rashmi Sinha, Amanda J. Cross, Barry I. Graubard, Michael F. Leitzmann, and Arthur Schatzkin, "Meat Intake and Mortality: A Prospective Study of over Half a Million People," Archives of Internal Medicine 169, no. 6 (2009): 562–71; Amanda MacMillan, "The 22 Worst Foods for Trans Fat," Health, accessed July 20, 2015, http://www.health.com/health/gallery/0,,20533295,00.html; Gary P. Zaloga, Kevin A. Harvey, William Stillwell, and Rafat Siddiqui, "Trans Fatty Acids and Coronary Heart Disease," Nutrition in Clinical Practice 21, no. 5 (2006): 505–12doi: 10.1177/0115426506021005505; Jorge Salmerón, Frank B. Hu, JoAnn E. Manson, Meir J. Stampfer, Graham A. Colditz, Eric B. Rimm, and Walter C. Willett, "Dietary Fat Intake and Risk of

Type 2 Diabetes in Women," American Journal of Clinical Nutrition 73, no. 6 (2001): 1019–26; Jorge E. Chavarro, Janet W. Rich-Edwards, Bernard A. Rosner, and Walter C. Willett, "Dietary Fatty Acid Intakes and the Risk of Ovulatory Infertility," American Journal of Clinical Nutrition 85, no. 1 (2007): 231–37.

16. Frank B. Hu, Meir J. Stampfer, JoAnn E. Manson, Eric Rimm, Graham A. Colditz, Bernard A. Rosner, Charles H. Hennekens, and Walter C. Willett, "Dietary Fat Intake and the Risk of Coronary Heart Disease in Women," New England Journal of Medicine 337 (1997): 1491–99doi: 10.1056/NEJM199711203372102.

17. John E. Blundell and Jennie I. MacDiarmid, "Fat as a Risk Factor for Overconsumption: Satiation, Satiety, and Patterns of Eating," Journal of the American Dietetic Association 97, suppl. no. 7 (1997): S63–69doi: 10.1016/S0002-8223(97)00733-5.

18. Dariush Mozaffarian, Renata Micha, and Sarah Wallace, "Effects on Coronary Heart Disease of Increasing Polyunsaturated Fat in Place of Saturated Fat: A Systematic Review and Meta-Analysis of Randomized Controlled Trials," PLOS Medicine 7, no. 3 (2010): e1000252; Frank B. Hu, Eunyoung Cho, Kathryn M. Rexrode, Christine M. Albert, and JoAnn E. Manson, "Fish and Long-Chain ω-3 Fatty Acid Intake and Risk of Coronary Heart Disease and Total Mortality in Diabetic Women," Circulation 107, no. 14 (2003): 1852–57doi: 10.1161/01.CIR.0000062644.42133.5F; Teresa T. Fung, Kathryn M. Rexrode, Christos S. Mantzoros, JoAnn E. Manson, Walter C. Willett, and Frank B. Hu, "Mediterranean Diet and Incidence and Mortality of Coronary Heart Disease and Stroke in Women," Circulation 1998, no. 8 (2009): 1093–100. doi: 10.1161/CIRCULATIONAHA.108.816736; Manas Kaushik, Dariush Mozaffarian, Donna Spiegelman, JoAnn E. Manson, Walter C. Willett, and Frank B. Hu, "Long-Chain Omega-3 Fatty Acids, Fish Intake, and the Risk of Type 2 Diabetes Mellitus,"

American Journal of Clinical Nutrition 90, no. 3 (2009): 613–20. doi: 10.3945/ajcn.2008.27424; Lawrence J. Appel, Frank M. Sacks, Vincent J. Carey, Eva Obarzanek, Janis F. Swain, Edgar R. Miller, Paul R. Conlin, Thomas P. Erlinger, Bernard A. Rosner, Nancy M. Laranjo, Jeanne Charleston, Phyllis McCarron, and Louise M. Bishop, "Effects of Protein, Monounsaturated Fat, and Carbohydrate Intake on Blood Pressure and Serum Lipids: Results of the OmniHeart Randomized Trial," JAMA 294, no. 19 (2005): 2455–64doi: 10.1001/jama.294.19.2455.

19. Patty W. Siri-Tarino, Qi Sun, Frank B. Hu, and Ronald M. Krauss, "Meta-Analysis of Prospective Cohort Studies Evaluating the Association of Saturated Fat with Cardiovascular Disease," American Journal of Clinical Nutrition 91, no. 3 (2010): 535–46doi: 10.3945/ajcn.2009.27725.

20. Jan I. Pedersen, Philip T. James, Ingeborg A. Brouwer, Robert Clarke, Ibrahim Elmadfa, Martijn B. Katan, Penny M. Kris-Etherton, Daan Kromhout, Barrie M. Margetts, Ronald P. Mensink, Kaare R. Norum, Mike Rayner, and Matti Uusitupa, "The Importance of Reducing SFA to Limit CHD," British Journal of Nutrition 106, no. 7 (2011): 961–63doi: 10.1017/S000711451100506X; Daan Kromhout, Johanna M. Geleijnse, Alessandro Menotti, and David R. Jacobs, Jr., "The Confusion about Dietary Fatty Acids Recommendations for CHD Prevention," British Journal of Nutrition 106, no. 5 (2011): 627–32doi: 10.1017/S0007114511002236; Jeremiah Stamler, "Diet-Heart: A Problematic Revisit," American Journal of Clinical Nutrition 91, no. 3 (2010): 497–99.

有機或慣行法食物？建立在科學上的評論

1. Crystal Smith-Spangler, Margaret L. Brandeau, Grace E. Hunter, J. Clay Bavinger, Maren Pearson, Paul J. Eschbach, Vandana Sundaram, Hau Liu, Patricia Schirmer, Christopher Stave, Ingram Olkin, and Dena M. Bravata, "Are

Organic Foods Safer or Healthier Than Conventional Alternatives?: A Systematic Review," *Annals of Internal Medicine* 147, no. 5 (2012): 348–66doi: 10.7326/0003-4819-157-5-201209040-00007.

2. David C. Holzman, "Organic Food Conclusions Don't Tell the Whole Story," *Environmental Health Perspectives* 120, no. 12 (2012): A458; Charles Benbrook, "Initial Reflections on the *Annals of Internal Medicine Paper* 'Are Organic Foods Safer and Healthier Than Conventional Alternatives? A Systematic Review," accessed December 18, 2015, http://www.tfrec.wsu.edu/pdfs/P2566.pdf.

3. Kirsten Brandt, Carlo Leifert, Roy Sanderson, and Chris Seal, "Agroecosystem Management and Nutritional Quality of Plant Foods: The Case of Organic Fruits and Vegetables," *Critical Reviews in Plant Sciences* 30, no. 1–2 (2011): 177–97doi: 10.1080/07352689.2011.554417#sthash. QGwMK1Qp.dpuf.

4. Loren Cordain, S. Boyd Eaton, Anthony Sebastian, Neil Mann, Staffan Lindeberg, Bruce A. Watkins, James H. O'Keefe, and Janette Brand-Miller, "Origins and Evolution of the Western Diet: Health Implications for the 21st Century," *American Journal of Clinical Nutrition* 81, no. 2 (2005): 341–54.

5. Benbrook, "Initial Reflections," http://www.tfrec.wsu.edu/pdfs/P2566.pdf; Brandt, et al., "Agroecosystem Management and Nutritional Quality of Plant Foods," 177–97.

6. Gidfred Darko and Samuel O. Acquaah, "Levels of Organochlorine Pesticides Residues in Meat," *International Journal of Environmental Science and Technology* 4, no. 4 (2007): 521–24.

7. Benbrook, "Initial Reflections," http://www.tfrec.wsu.edu/pdfs/P2566.pdf.

8. Laura N. Vandenberg, Theo Colborn, Tyrone B. Hayes, Jerrold J. Heindel, David R. Jacobs, Jr., Duk-Hee Lee, Toshi Shioda, Ana M. Soto, Frederick S. vom Saal, Wade V. Welshons, R. Thomas Zoeller,

and John Peterson Myers, "Hormones and Endocrine-Disrupting Chemicals: Low-Dose Effects and Nonmonotonic Dose Responses," *Endocrine Reviews* 33, no. 3 (2012): 378–455doi: 10.1210/er.2011-1050.

9. David C. Bellinger, "A Strategy for Comparing the Contributions of Environmental Chemicals and Other Risk Factors to Neurodevelopment of Children," *Environmental Health Perspectives* 120, no. 4 (2012): 501–07doi: 10.1289/ehp.1104170.

10 Joel Forman and Janet Silverstein, "Organic Foods: Health and Environmental Advantages and Disadvantages," *Pediatrics* 130, no. 5 (2012): e1406–15doi: 10.1542/peds.2012-2579.

11. Frank Aarestrup, "Sustainable Farming: Get Pigs Off Antibiotics," *Nature* 486 (2012): 465–66.

12. Torey Looft, Timothy A. Johnson, Heather K. Allen, Darrell O. Bayles, David P. Alt, Robert D. Stedtfeld, Woo Jun Sul, Tiffany M. Stedtfeld, Benli Chai, James R. Cole, Syed A. Hashsham, James M. Tiedje, and Thad B. Stanton, "In-Feed Antibiotic Effects on the Swine Intestinal Microbiome," *PNAS* 109, no. 5 (2011): 1691–96doi: 10.1073/pnas.1120238109.

13. Benbrook, "Initial Reflections," http://www.tfrec.wsu.edu/pdfs/P2566.pdf.

14. European Commission, "Opinion of the Scientific Committee on Veterinary Measures Relating to Public Health: Assessment of Potential Risks to Human Health from Hormone Residues in Bovine Meat and Meat Products," accessed December 18, 2015, http://ec.europa.eu/food/fs/sc/scv/out21_en.pdf.

15. Shanna H. Swan, Fan Liu, James W. Overstreet, Charlene Brazil, and Niels E. Skakkebaek, "Semen Quality of Fertile US Males in Relation to Their Mothers' Beef Consumption during Pregnancy," *Human Reproduction* 22, no. 6 (2007): 1497–502doi: 10.1093/humrep/dem068.

16. Pesticide Action Network North America, "Butter," What's on My Food,

accessed December 18, 2015, http://www.whatsonmyfood.org/food.jsp?food=BU.

17. Frozen Food Foundation, "New Study Encourages Consumers to Think Frozen When Buying Fruits & Vegetables," accessed December 18, 2015, http://www.frozenfoodfacts.org/assets-foundation/misc/images/FINAL%20FFF%20UGA%20News%20Release.pdf.

18. Brandt, et al., "Agroecosystem Management and Nutritional Quality of Plant Foods," 177–97.

料理美味食物的極簡指南

1. World Health Organization, "The Top 10 Causes of Death," accessed December 18, 2015, http://www.who.int/mediacentre/factsheets/fs310/en/; Luc Djoussé, Akintunde O. Akinkuolie, Jason H.Y. Wu, Eric L. Ding, and J. Michael Gaziano, "Fish Consumption, Omega-3 Fatty Acids and Risk of Heart Failure: A Meta-Analysis," *Clinical Nutrition* 31, no. 6 (2012): 846–53doi: 10.1016/j.clnu.2012.05.010.

2. Jyrki K. Virtanen, Dariush Mozaffarian, Stephanie E. Chiuve, and Eric B. Rimm, "Fish Consumption and Risk of Major Chronic Disease in Men," *American Journal of Clinical Nutrition* 88, no. 6 (2008): 1618–25doi: 10.3945/ajcn.2007.25816.

3. Martha Clare Morris, Denis A. Evans, Christine C. Tangney, Julia L. Bienias, and Robert S. Wilson, "Fish Consumption and Cognitive Decline with Age in a Large Community Study," *JAMA Neurology* 62, no. 12 (2005): 1849–53doi: 10.1001/archneur.62.12.noc50161; Lars C. Stene, Geir Joner, and the Norwegian Childhood Diabetes Study Group, "Use of Cod Liver Oil during the First Year of Life Is Associated with Lower Risk of Childhood-Onset Type 1 Diabetes: A Large, Population-Based, Case-Control Study," *American Journal of Clinical Nutrition* 78, no. 6 (2003): 1128–34; Kimberly Y. Z. Forrest and Wendy L. Stuhldreher, "Prevalence and Correlates of Vitamin D Deficiency in US Adults," *Nutrition Research* 31, no. 1 (2011): 48–54doi: 10.1016/j.nutres.2010.12.001; William G. Christen, Debra A. Schaumberg, Robert

J. Glynn, and Julie E. Buring, "Dietary ω-3 Fatty Acid and Fish Intake and Incident Age-Related Macular Degeneration in Women," *Archives of Ophthalmology* 129, no. 7 (2011): 921–29doi: 10.1001/archophthalmol.2011.34.

4. Gordon I. Smith, Philip Atherton, Dominic N. Reeds, B. Selma Mohammed, Debbie Rankin, Michael J. Rennie, and Bettina Mittendorfer, "Omega-3 Polyunsaturated Fatty Acids Augment the Muscle Protein Anabolic Response to Hyperaminoacidemia-Hyperinsulinemia in Healthy Young and Middle Aged Men and Women," *Clinical Science* 121, no. 6 (2011): 267–78doi: 10.1042/CS20100597; Bakhtiar Tartibian, Behzad Hajizadeh Maleki, and Asghar Abbasi, "The Effects of Ingestion of Omega-3 Fatty Acids on Perceived Pain and External Symptoms of Delayed Onset Muscle Soreness in Untrained Men," *Clinical Journal of Sport Medicine* 19, no. 2 (2009): 115–19doi: 10.1097/JSM.0b013e31819b51b3; Jonathan D. Buckley and Peter R. C. Howe, "Anti-Obesity Effects of Long-Chain Omega-3 Polyunsaturated Fatty Acids," *Obesity Reviews* 10, no. 6 (2009): 648–59doi: 10.1111/j.1467-789X.2009.00584.x.

5. National Resources Defense Council, "Mercury in Fish," accessed December 18, 2015, http://www.nrdc.org/health/effects/mercury/walletcard.pdf.

早餐

1. Leah E. Cahill, Stephanie E. Chiuve, Rania A. Mekary, Majken K. Jensen, Alan J. Flint, Frank B. Hu, and Eric B. Rimm, "Prospective Study of Breakfast Eating and Incident Coronary Heart Disease in a Cohort of Male US Health Professionals," *Circulation* 128 (2013): 337–43doi: 10.1161/CIRCULATIONAHA.113.001474.

2. Amber A. W. A. van der Heijden, Frank B. Hu, Eric B. Rimm, and Rob M. van Dam, "A Prospective Study of Breakfast Consumption and Weight Gain among U.S. Men," *Obesity* 15, no. 10 (2007): 2463–69doi: 10.1038/oby.2007.292.

3. Rania A. Mekary and Edward Giovannucci, "Belief beyond the Evidence: Using the Proposed Effect of

Breakfast on Obesity to Show 2 Practices That Distort Scientific Evidence," *American Journal of Clinical Nutrition* 99, no. 1 (2014): 232–13doi: 10.3945/ajcn.113.077214.

4. David G. Schlundt, Tracy Sbrocco, and Christopher Bell, "Identification of High-Risk Situations in a Behavioral Weight Loss Program: Application of the Relapse Prevention Model," *International Journal of Obesity* 13, no. 2 (1989): 223–34.

5. Marge Dwyer, "Skipping Breakfast May Increase Coronary Heart Disease Risk," last modified July 23, 2013, http://www.hsph.harvard.edu/news/features/skipping-breakfast-may-increase-coronary-heart-disease-risk/.

6. David G. Schlundt, James O. Hill, Tracy Sbrocco, Jamie Pope-Cordle, and Teresa Sharp, "The Role of Breakfast in the Treatment of Obesity: A Randomized Clinical Trial," *American Journal of Clinical Nutrition* 55, no. 3 (1992): 645–51.

7. Michelle N. Harvie, Mary Pegington, Mark P. Mattson, Jan Frystyk, Bernice Dillon, Gareth Evans, Jack Cuzick, Susan A. Jebb, Bronwen Martin, Roy G. Cutler, Tae G. Son, Stuart Maudsley, Olga D. Carlson, Josephine M. Egan, Allan Flyvbjerg, and Anthony Howell, "The Effects of Intermittent or Continuous Energy Restriction on Weight Loss and Metabolic Disease Risk Markers: A Randomised Trial in Young Overweight Women," *International Journal of Obesity* 35, no. 5 (2011): 714–27doi: 10.1038/ijo.2010.171.

8. James A. Betts, Judith D. Richardson, Enhad A. Chowdhury, Geoffrey D. Holman, Kostas Tsintzas, and Dylan Thompson, "The Causal Role of Breakfast in Energy Balance and Health: A Randomized Controlled Trial in Lean Adults," *American Journal of Clinical Nutrition* 100, no. 2 (2014): 539–47doi: 10.3945/ajcn.114.083402.

9. K. Sreekumaran Nair, Paul D. Woolf, Stephen L. Welle, and Dwight E. Matthews, "Leucine, Glucose, and Energy Metabolism after 3 Days of Fasting in Healthy Human Subjects," *American Journal of Clinical Nutrition* 46,

no. 4 (1987): 557–62.

10. Christian Zauner, Bruno Schneeweiss, Alexander Kranz, Christian Madl, Klaus Ratheiser, Ludwig Kramer, Erich Roth, Barbara Schneider, and Kurt Lenz, "Resting Energy Expenditure in Short-Term Starvation Is Increased as a Result of an Increase in Serum Norepinephrine," *American Journal of Clinical Nutrition* 71, no. 6 (2000): 1511–15.

11. George F. Cahill, "Starvation in Man," *New England Journal of Medicine* 282 (1970): 668–75doi: 10.1056/NEJM197003192821209.

12. Ibid.

13. Khaled Trabelsi, Stephen R. Stannard, Zohra Ghlissi, Ronald J. Maughan, Choumous Kallel, Kamel Jamoussi, Khaled M. Zeghal, and Ahmed Hakim, "Effect of Fed- Versus Fasted State Resistance Training during Ramadan on Body Composition and Selected Metabolic Parameters in Bodybuilders," *Journal of the International Society of Sports Nutrition* 10 (2013): 23doi: 10.1186/1550-2783-10-23.

14. Ying Rong, Li Chen, Tingting Zhu, Yadong Song, Miao Yu, Zhilei Shan, Amanda Sands, Frank B. Hu, and Liegang Liu, "Egg Consumption and Risk of Coronary Heart Disease and Stroke: Dose-Response Meta-Analysis of Prospective Cohort Studies," *BMJ* 346 (2013): e8539doi: 10.1136/bmj.e8539; Christopher N. Blesso, Catherine J. Andersen, Jacqueline Barona, Jeff S. Volek, and Maria Luz Fernandez, "Whole Egg Consumption Improves Lipoprotein Profiles and Insulin Sensitivity to a Greater Extent Than Yolk-Free Egg Substitute in Individuals with Metabolic Syndrome," *Metabolism* 62, no. 3 (2013): 400–10; Gisella Mutungi, David Waters, Joseph Ratliff, Michael Puglisi, Richard M. Clark, Jeff S. Volek, and Maria Luz Fernandez, "Eggs Distinctly Modulate Plasma Carotenoid and Lipoprotein Subclasses in Adult Men Following a Carbohydrate-Restricted Diet," *Journal of Nutritional Biochemistry* 21, no. 4 (2010): 261–67doi: 10.1016/j.jnutbio.2008.12.011.

15. Michelle Wien, Ella Haddad, Keiji Oda, and Joan Sabaté, "A Randomized 3x3 Crossover Study to Evaluate the Effect of Hass Avocado Intake on Post-Ingestive Satiety, Glucose and Insulin Levels, and Subsequent Energy Intake in Overweight Adults," *Nutrition Journal* 12 (2013): 155doi: 10.1186/1475-2891-12-155.

16. Nancy J. Aburto, Sara Hanson, Hialy Gutierrez, Lee Hooper, Paul Elliott, and Francesco P. Cappuccio, "Effect of Increased Potassium Intake on Cardiovascular Risk Factors and Disease: Systematic Review and Meta-Analyses," *BMJ* 346 (2013): f1378doi: 10.1136/bmj.f1378.

17. R. López Ledesma, A. C. Frati Munari, B. C. Hernández Domínguez, S. Cervantes Montalvo, M. H. Hernández Luna, C. Juárez, and S. Morán Lira, "Monounsaturated Fatty Acid (Avocado) Rich Diet for Mild Hypercholesterolemia," *Archives of Medical Research* 27, no. 4 (1996): 519–23.

18. Candida J. Rebello, William D. Johnson, Corby K. Martin, Wenting Xie, Marianne O'Shea, Anne Kurilich, Nicolas Bordenave, Stephanie M. Andler, B. Jan Willem van Klinken, Yi Fang Chu, and Frank L. Greenway, "Acute Effect of Oatmeal on Subjective Measures of Appetite and Satiety Compared to a Ready-to-Eat Breakfast Cereal: A Randomized Crossover Trial," *Journal of the American College of Nutrition* 32, no. 4 (2013): 272–79doi: 10.1080/07315724.2013.816614.

19. Rgia A. Othman, Mohammed H. Moghadasian, and Peter J. H. Jones, "Cholesterol-Lowering Effects of Oat □-Glucan," *Nutrition Reviews* 69, no. 6 (2011): 299–09doi: 10.1111/j.1753-4887.2011.00401.x.

20. Alexander Lammert, Jüergen Kratzsch, Jochen Selhorst, Per M. Humpert, Angelika Bierhaus, Rainer Birck, Klaus Kusterer, and Hans-Peter Hammes, "Clinical Benefit of a Short Term Dietary Oatmeal Intervention in Patients with Type 2 Diabetes and Severe Insulin Resistance: A Pilot Study," *Experimental and Clinical Endocrinology & Diabetes* 116 (2008): 132–34.

21. Peter T. Res, Bart Groen, Bart Pennings, Milou Beelen, Gareth A. Wallis, Annmie P. Gijsen, Joan M. Senden, and Luc J. C. van Loon, "Protein Ingestion before Sleep Improves Postexercise Overnight Recovery," *Medicine and Science of Sports and Exercise* 44, no. 8 (2012): 1560–69doi: 10.1249/MSS.0b013e31824cc363.

22. "Vitamin A," U.S. National Library of Medicine, last modified February 2, 2015, https://www.nlm.nih.gov/medlineplus/ency/article/002400.htm.

23. "Beta-Carotene," U.S. National Library of Medicine, last modified June 3, 2015, https://www.nlm.nih.gov/medlineplus/druginfo/natural/999.html.

24. "National Nutrient Database for Standard Reference Release 28," U.S. Department of Agriculture, accessed December 18, 2015, http://ndb.nal.usda.gov/ndb/foods/show/3667.

25. Michelle Wien, David Bleich, Maya Raghuwanshi, Susan Gould-Forgerite, Jacqueline Gomes, Lynn Monahan-Couch, and Keiji Oda, "Almond Consumption and Cardiovascular Risk Factors in Adults with Prediabetes," *Journal of the American College of Nutrition* 29, no. 3 (2010): 189–97.

26. Sze Yen Tan and Richard D. Mattes, "Appetitive, Dietary and Health Effects of Almonds Consumed with Meals or as Snacks: A Randomized, Controlled Trial," *European Journal of Clinical Nutrition* 67, no. 11 (2013): 1205–14.

沙拉

1. Ian A. Prior, Flora Davidson, Clare E. Salmond, and Z. Czochanska, "Cholesterol, Coconuts, and Diet on Polynesian Atolls: A Natural Experiment: The Pukapuka and Tokelau Island Studies," *American Journal of Clinical Nutrition* 34, no. 8 (1981): 1552–61.

2. Barbara J. Rolls, "Carbohydrates, Fats, and Satiety," *American Journal of Clinical Nutrition* 61, no. 4 (1995): 960S–67S; John E. Bludell, Clare L. Lawton, Jacqui R. Cotton, and Jennie I. Macdiarmid, "Control of Human Appetite: Implications for the Intake of Dietary Fat," *Annual Review of Nutrition* 16 (1996): 285–319doi: 10.1146/annurev.nu.16.070196.001441.

3. R. James Stubbs and Chris G. Harbron, "Covert Manipulation of the Ratio of Medium- to Long-Chain Triglycerides in Isoenergetically Dense Diets: Effect on Food Intake in Ad Libitum Feeding Men," *International Journal of Obesity-Related Metabolic Disorders* 20, no. 5 (1996): 435–44.

4. Monica L. Assunção, Haroldo S. Ferreira, Aldenir F. dos Santos, Cyro R. Cabral, Jr., and Telma M. M. T. Florêncio, "Effects of Dietary Coconut Oil on the Biochemical and Anthropometric Profiles of Women Presenting Abdominal Obesity," *Lipids* 44, no. 7 (2009): 593–601doi: 10.1007/s11745-009-3306-6.

5. Mary Ann S. van Duyn and Elizabeth Pivonka, "Overview of the Health Benefits of Fruit and Vegetable Consumption for the Dietetics Professional," *Journal of the Academy of Nutrition and Dietetics* 100, no. 12 (2000): 1511–21doi: 10.1016/S0002-8223(00)00420-X; "Foods That Fight Cancer," American Institute for Cancer Research, accessed December 18, 2015, http://www.aicr.org/foods-that-fight-cancer/foodsthatfightcancer_leafy_vegetables.html.

6. Stuart Richer, "ARMD—Pilot (Case Series) Environmental Intervention Data," *Journal of the American Optometric Association* 70, no. 1 (1999): 24–36.

三明治和湯

1. Judith Rodin, "Insulin Levels, Hunger, and Food Intake: An Example of Feedback Loops in Body Weight Regulation," *Health Psychology* 4, no. 1 (1985): 1–24.

2. Susanna H. Holt, Jennie C. Miller, Peter Petocz, and Efi Farmakalidis, "A Satiety Index of Common Foods," *European Journal of Clinical Nutrition* 49, no. 9 (1995): 675–90.

3. Tawfeq Al-Howiriny, Abdulmalik Alsheikh, Saleh Alqasoumi, Mohammed Al-Yahya, Kamal El Tahir, and Syed Rafatullah, "Gastric Antiulcer, Antisecretory and Cytoprotective Properties of Celery (Apium graveolens) in Rats," Pharmaceutical Biology 48, no. 7 (2010): 786–93doi: 10.3109/13880200903280026.

4. Jodee L. Johnson and Elvira Gonzalez de Mejia, "Interactions between Dietary Flavonoids Apigenin or Luteolin and Chemotherapeutic Drugs to Potentiate Anti-Proliferative Effect on Human Pancreatic Cancer Cells, in Vitro," Food and Chemical Toxicology 60 (2013): 83–91.

果昔和點心

1. David J. Weiss and Christopher R. Anderton, "Determination of Catechins in Matcha Green Tea by Micellar Electrokinetic Chromatography," Journal of Chromatography A 1011, no. 1–2 (2003): 173–80; Elaine J. Gardner, Carrie H. S. Ruxton, and Anthony R. Leeds, "Black Tea—Helpful or Harmful? A Review of the Evidence," European Journal of Clinical Nutrition 61 (2007): 3–18doi: 10.1038/sj.ejcn.1602489; Piwen Wang, William J. Aronson, Min Huang, Yanjun Zhang, Ru-Po Lee, David Heber, and Susanne M. Henning, "Green Tea Polyphenols and Metabolites in Prostatectomy Tissue: Implications for Cancer Prevention," Cancer Prevention Research 3, no. 8 (2010): 985–93; Silvia A. Mandel, Tamar Amit, Orly Weinreb, Lydia Reznichenko, and Moussa B. H. Youdim, "Simultaneous Manipulation of Multiple Brain Targets by Green Tea Catechins: A Potential Neuroprotective Strategy for Alzheimer and Parkinson Diseases," CNS Neuroscience & Therapeutics 14, no. 4 (2008): 352–65doi: 10.1111/j.1755-5949.2008.00060.x.

2. Sonia Bérubé-Parent, Catherine Pelletier, Jean Doré, and Angelo Tremblay, "Effects of Encapsulated Green Tea and Guarana Extracts Containing a Mixture of Epigallocatechin-3-Gallate and Caffeine on 24 H Energy Expenditure and Fat Oxidation in Men," British Journal of Nutrition 94, no. 3 (2005): 432–36doi: : 10.1079/BJN20051502; Michelle C. Venables, Carl J. Hulston, Hannah R. Cox, and Asker E. Jeukendrup, "Green Tea Extract Ingestion, Fat Oxidation, and Glucose Tolerance in Healthy Humans," 87, no. 3 (2008): 778–84.

3. Anna C. Nobre, Anling Rao, and Gail N. Owen, "L-Theanine, a Natural Constituent in Tea, and Its Effect on Mental State," Asia Pacific Journal of Clinical Nutrition 17, suppl. 1 (2008): 167–68; John J. Foxe, Kristen P. Morie, Peter J. Laud, Matthew J. Rowson, Eveline A. de Bruin, and Simon P. Kelly, "Assessing the Effects of Caffeine and Theanine on the Maintenance of Vigilance during a Sustained Attention Task," Neuropharmacology 62, no. 7 (2012): 2320–27doi: 10.1016/j.neuropharm.2012.01.020; Crystal F. Haskell, David O. Kennedy, Anthea L. Milne, Keith A. Wesnes, and Andrew B. Scholey, "The Effects of L-Theanine, Caffeine and Their Combination on Cognition and Mood," Biological Psychology 77, no. 2 (2008): 113–22.

瘦肉

1. An Pan, Qi Sun, Adam M. Bernstein, Matthias B. Schulze, JoAnn E. Manson, Meir J. Stampfer, Walter C. Willett, and Frank B. Hu, "Red Meat Consumption and Mortality: Results from Two Prospective Cohort Studies," Archives of Internal Medicine 172, no. 7 (2012): 555–63

2. Adam Drewnowski, "Diet Image: a New Perspective on the Food-Frequency Questionnaire," Nutrition Reviews 59, no. 11 (2001): 370–72doi: 10.1111/j.1753-4887.2001.tb06964.x.

3. Frank B. Hu, Eric Rimm, Stephanie A. Smith-Warner, Diane Feskanich, Meir J. Stampfer, Albert Ascherio, Laura Sampson, and Walter C. Willett, "Reproducibility and Validity of Dietary Patterns Assessed with a Food-Frequency Questionnaire," The American Journal of Clinical Nutrition 69, no. 2 (1999): 243–49.

4. Jose J. Lara, Jane Anne Scott, and Michael E. J. Lean, "Intentional Mis-Reporting of Food Consumption and Its Relationship with Body Mass Index and Psychological Scores in Women," Journal of Human Nutrition and Dietetics 17, no. 3 (2004): 209–18.

5. Dominik D. Alexander and Colleen A. Cushing, "Red Meat and Colorectal Cancer: A Critical Summary of Prospective Epidemiologic Studies," Obesity Reviews 12, no. 5 (2011): e472–93doi: 10.1111/j.1467-789X.2010.00785.x.

6. Michelle H. Lewin, Nina Bailey, Tanya Bandaletova, Richard Bowman, Amanda J. Cross, Jim Pollock, David E. G. Shuker, and Sheila A. Bingham, "Red Meat Enhances the Colonic Formation of the DNA Adduct O6-Carboxymethyl Guanine: Implications for Colorectal Cancer Risk," Cancer Research 66, no. 3 (2006): 1859doi: 10.1158/0008-5472.CAN-05-2237; Roisin Hughes, Amanda J. Cross, Jim R. A. Pollock, and Sheila Bingham, "Dose-Dependent Effect of Dietary Meat on Endogenous Colonic N-Nitrosation," Carcinogenesis 22, no. 1 (2001): 199–02doi: 10.1093/carcin/22.1.199.

7. Eric N. Ponnampalam, Neil J. Mann, and Andrew J. Sinclair, "Effect of Feeding Systems on Omega-3 Fatty Acids, Conjugated Linoleic Acid and Trans Fatty Acids in Australian Beef Cuts: Potential Impact on Human Health," Asia Pacific Journal of Clinical Nutrition 15, no. 1 (2006): 21–29.

禽肉

1. Barbara O. Rennard, Ronald F. Ertl, Gail L. Gossman, Richard A. Robbins, and Stephen I. Rennard, "FCCP Chicken Soup Inhibits Neutrophil Chemotaxis in Vitro," CHEST Journal 118, no. 4 (2000): 1150–57doi: 10.1378/chest.118.4.1150.

2. Bharat B. Aggarwal, Chitra Sundaram, Nikita Malani, and Haruyo Ichikawa, "Curcumin: The Indian Solid Gold," in The Molecular Targets and Therapeutic Uses of Curcumin in Health and Disease, ed. Bharat B. Aggarwal, et al. (New York: Springer, 2007), 1–75.

3. Li-Xin Na, Ying Li, Hong-Zhi Pan, Xian-Li Zhou, Dian-Jun Sun, Man Meng,

Xiao-Xia Li, and Chang-Hao Sun, "Curcuminoids Exert Glucose-Lowering Effect in Type 2 Diabetes by Decreasing Serum Free Fatty Acids: A Double-Blind, Placebo-Controlled Trial," *Molecular Nutrition and Food Research* 57, no. 9 (2013): 1569–77doi: 10.1002/mnfr.201200131

Kassaian, Nazila, Leila Azadbakht, Badrolmolook Forghani, and Masud Amini. "Effect of fenugreek seeds on blood glucose and lipid profiles in type 2 diabetic patients." *International journal for vitamin and nutrition research* 79, no. 1 (2009): 34-39.

海鮮

1. Emily Oken, "Seafood Health Benefits & Risks,"Harvard T. H. School of Public Health, accessed December 18, 2015, http://www.chgeharvard.org/topic/seafood-health-benefits-risks.

2. Artemis P. Simopoulos, "Evolutionary Aspects of Diet: The Omega-6/Omega-3 Ratio and the Brain," *Molecular Neurobiology* 44, no. 2 (2011): 203–15doi: 10.1007/s12035-010-8162-0.

配菜

1. Li-Xin Zhang, Robert V. Cooney, and John S. Bertram, "Carotenoids Enhance Gap Junctional Communication and Inhibit Lipid Peroxidation in C3H/10T1/2 Cells: Relationship to Their Cancer Chemopreventive Action," *Carcinogenesis* 12, no. 11 (1991): 2109–114.

2. William G. Christen, Simin Liu, Robert J. Glynn, J. Michael Gaziano, and Julie E. Buring, "A Prospective Study of Dietary Carotenoids, Vitamins C and E, and Risk of Cataract in Women," *Archives of Ophthalmology* 126, no. 1 (2008): 102–09doi: 10.1001/archopht.126.1.102.

3. Geert van Poppel, Dorette T. H. Verhoeven, Hans Verhagen, and R. Alexandra Goldbohm, "Brassica Vegetables and Cancer Prevention: Epidemiology and Mechanisms," *Advances in Experimental Medicine and Biology* 472 (1999): 159–68.

4. Simin Liu, Meir J. Stampfer, Frank B. Hu, Edward Giovannucci, Eric Rimm, JoAnn E. Manson, Charles H. Hennekens, and Walter C. Willett, "Whole-Grain Consumption and Risk of Coronary Heart Disease: Results from the Nurses' Health Study," *American Journal of Clinical Nutrition* 70, no. 3 (1999): 412–19.

5. Paul Whelton and Jiang He, "Health Effects of Sodium and Potassium in Humans," *Current Opinion in Lipidology* 25, no. 1 (2014): 75–79doi: 10.1097/MOL.0000000000000033; Igho J. Onakpoya, Elizabeth A. Spencer, Matthew J. Thompson, and Carl J. Heneghan, "The Effect of Chlorogenic Acid on Blood Pressure: A Systematic Review and Meta-Analysis of Randomized Clinical Trials," *Journal of Human Hypertension* 29 (2015): 77–81doi: 10.1038/jhh.2014.46.

6. Johannes Erdmann, Yvonne Hebeisen, Florian Lippl, Stefan Wagenpfeil, and Volker Schusdziarra, "Food Intake and Plasma Ghrelin Response during Potato-, Rice- and Pasta-Rich Test Meals," *European Journal of Nutrition* 46, no. 4 (2007): 196–03.

甜點

1. Stephen J. Crozier, Amy G. Preston, Jeffrey W. Hurst, Mark J. Payne, Julie Mann, Larry Hainly, and Debra L. Miller, "Cacao Seeds Are a 'Super Fruit': A Comparative Analysis of Various Fruit Powders and Products," *Chemistry Central Journal* 5 (2011): 5doi: 10.1186/1752-153X-5-5.

2. Helmut Sies, Tankred Schewe, Christian Heiss, and Malte Kelm, "Cocoa Polyphenols and Inflammatory Mediators," *American Journal of Clinical Nutrition* 81, no. 1 (2005): 304S–12S.

3. Stefanie Williams, Slobodanka Tamburic, and Carmel Lally, "Eating Chocolate Can Significantly Protect the Skin from UV Light," *Journal of Cosmetic Dermatology* 8, no. 3 (2009): 169–73doi: 10.1111/j.1473-2165.2009.00448.x.